ISSN 0044-2267

ZEITSCHRIFT FÜR ANGEWANDTE MATHEMATIK UND MECHANIK

INGENIEURWISSENSCHAFTLICHE FORSCHUNGSARBEITEN

BAND 61 1981 HEFT 10

AUS DEM INHALT

H A U P T A U F S Ä T Z E

A K A D E M I E - V E R L A G B E R L I N

ZAMM Bd. 61 Nr. 10 S. 477—540 Berlin, Oktober 1981

EVP 18,— M 34115

INHALT

Wir bitten, **Manuskriptsendungen** zweifach (Original und eine Kopie, sprachlich einwandfrei, Formeln mit Maschine oder in Druckschrift geschrieben) an folgende Anschrift zu richten:

Zeitschrift für Angewandte Mathematik und Mechanik,
Institut für Mechanik der Akademie der Wissenschaften der DDR
DDR-1199 Berlin, Rudower Chaussee 5.

Zu den Arbeiten, die als Hauptaufsätze bestimmt sind, ist auf gesondertem Blatt eine Zusammenfassung von 5 bis 10 Zeilen in englischer und (möglichst) deutscher und russischer Sprache beizufügen. Ausführliche Hinweise für die Autoren, um deren strikte Berücksichtigung gebeten wird, finden sich im Anschluß an das Inhaltsverzeichnis des Jahrganges **60** (1980).

Die Autoren erhalten von den Hauptaufsätzen 75, von den Kleinen Mitteilungen 25 Sonderdrucke ohne Berechnung, darüber hinaus weitere Sonderdrucke gegen Berechnung.

Der Verlag behält sich für alle Beiträge das Recht der Vervielfältigung und Übersetzung vor.

Bestellungen sind zu richten

- **in der DDR** an den Postzeitungsvertrieb unter Angabe der Kundennummer des Bestellenden oder an den AKADEMIE-VERLAG, DDR-1080 Berlin, Leipziger Straße 3—4
- **im sozialistischen Ausland** an eine Buchhandlung für fremdsprachige Literatur oder an den zuständigen Postzeitungsvertrieb
- **in der BRD und Berlin(West)** an eine Buchhandlung oder an die Auslieferungsstelle KUNST UND WISSEN, Erich Bieber OHG, D-7000 Stuttgart 1, Wilhelmstraße 4—6
- **in den übrigen westeuropäischen Ländern** an eine Buchhandlung oder an die Auslieferungsstelle KUNST UND WISSEN, Erich Bieber GmbH, Ch-8008 Zürich/Schweiz, Dufourstraße 51
- **im übrigen Ausland** an den Internationalen Buch- und Zeitschriftenhandel; den Buchexport, Volkseigener Außenhandelsbetrieb der Deutschen Demokratischen Republik, DDR-7010 Leipzig, Postfach 160; oder an den AKADEMIE-VERLAG, DDR-1080 Berlin, Leipziger Straße 3—4

ZEITSCHRIFT FÜR ANGEWANDTE MATHEMATIK UND MECHANIK

Herausgeber und Chefredakteur: Prof. Dr. Günter Schmidt. Redaktion: Dr. Winfried Heinrich, Dr. Horst Weinert, Dipl.-Math. Friedhild Dudel, Helga Rühl, Institut für Mechanik der Akademie der Wissenschaften der DDR. Verlag: Akademie-Verlag, DDR-1080 Berlin, Leipziger Straße 3—4; Fernruf: 2236221 oder 2236221. Telex-Nr.: 114420; Bank: Staatsbank der DDR, Berlin, Kto.-Nr.: 6836-26-20712. Anschrift der Redaktion: Institut für Mechanik der Akademie der Wissenschaften, DDR-1199 Berlin, Rudower Chaussee 5, Fernruf: 6702841.

Veröffentlicht unter der Lizenznummer 1282 des Presseamtes beim Vorsitzenden des Ministerrates der Deutschen Demokratischen Republik. Gesamtherstellung: VEB Druckerei „Thomas Müntzer", DDR-5820 Bad Langensalza. Erscheinungsweise: Die Zeitschrift für Angewandte Mathematik und Mechanik erscheint monatlich. Die 12 Hefte eines Jahres einschließlich Tagungshefte bilden einen Band. Bezugspreis je Band 360,— M zuzüglich Versandspesen (Preis für die DDR 216,— M). Bezugspreis je Heft 30,— M (Preis für die DDR 18,— M). Bestellnummer dieses Heftes: 1009/61/10.

AN (EDV) 35937

ZEITSCHRIFT FÜR ANGEWANDTE MATHEMATIK UND MECHANIK

INGENIEURWISSENSCHAFTLICHE FORSCHUNGSARBEITEN

HERAUSGEGEBEN VON G. SCHMIDT, BERLIN

Band 58

Achtundfünfzigster Jahrgang 1978

AKADEMIE-VERLAG · BERLIN

Inhaltsübersicht

A. Verfasserverzeichnis

(B. = Bericht; Ber. = Berichtigung, H. = Hauptaufsatz; HV. = Hauptvortrag; KM. = Kleine Mitteilung; N. = Nachricht; V. = Vortragsauszug; ZB. = Zusammenfassender Bericht)
Der Buchstabe T vor der Seitenzahl weist darauf hin, daß der betreffende Beitrag in den Sonderheften 6 bzw. 7 (GAMM-Tagung 1977) erschienen ist.

B. Sachverzeichnis

(Abkürzungen siehe Seite II)

Dynamik, Schwingungen

(siehe auch Differential- und Integralgleichungen; Elasto- und Plastomechanik; Mechanik (allgemein) und Physik; Optimierung, optimale Prozesse; Strukturmechanik (Stäbe, Platten, Schalen usw.))

Elasto- und Plastomechanik

(siehe auch Strukturmechanik (Stäbe, Platten, Schalen usw.); Wärmeübertragung)

Gasdynamik und Magnetohydrodynamik

(siehe auch Grenzschichttheorie und Turbulenz; Strömungsmechanik; Wärmeübertragung)

Grenzschichttheorie und Turbulenz

(siehe auch Gasdynamik und Magnetohydrodynamik; Wärmeübertragung)

Intervallmathematik

(siehe auch Numerische Mathematik und Rechentechnik)

Mathematik, allgemein

(siehe auch Approximationstheorie; Differential- und Integralgleichungen; Intervallmathematik; Matrizen; Numerische Mathematik und Rechentechnik; Optimierung, optimale Prozesse; Regelungssysteme, Automatentheorie; Wahrscheinlichkeitstheorie und Mathematische Statistik)

Matrizen

Mechanik (allgemein) und Physik

(siehe auch Differential- und Integralgleichungen; Dynamik, Schwingungen; Elasto- und Plastomechanik; Gasdynamik und Magnetohydrodynamik; Grenzschichttheorie und Turbulenz; Strukturmechanik (Stäbe, Platten, Schalen usw.); Strömungsmechanik; Wärmeübertragung)

Seite

Numerische Mathematik und Rechentechnik

(siehe auch Approximationstheorie; Differential- und Integralgleichungen; Grenzschichttheorie und Turbulenz; Intervallmathematik; Mechanik (allgemein) und Physik; Optimierung, optimale Prozesse; Strömungsmechanik; Wahrscheinlichkeitstheorie und Mathematische Statistik)

Optimierung, optimale Prozesse

Regelungssysteme, Automatentheorie

(siehe auch Dynamik, Schwingungen)

Strukturmechanik (Stäbe, Platten, Schalen usw.)

(siehe auch Dynamik, Schwingungen; Elasto- und Plastomechanik)

Strömungsmechanik

(siehe auch Dynamik, Schwingungen; Gasdynamik und Magnetohydrodynamik; Grenzschichttheorie und Turbulenz; Numerische Mathematik und Rechentechnik)

Wärmeübertragung

(siehe auch Elasto- und Plastomechanik; Gasdynamik und Magnetohydrodynamik; Numerische Mathematik und Rechentechnik)

Wahrscheinlichkeitstheorie und Mathematische Statistik

(siehe auch Numerische Mathematik und Rechentechnik)

Wissenschaftliche Gesellschaften, Tagungen, Nachrichten

C. Buchbesprechungen

Hinweise für Autoren

Manuskripte (zweifach, Original und eine Kopie) und andere den Inhalt der Zeitschrift betreffende Zuschriften sind dem Herausgeber der ZAMM entweder über ein Mitglied des Herausgebergremiums oder direkt über folgende Anschrift zuzuleiten:

Zeitschrift für Angewandte Mathematik und Mechanik
z. Hd. Herrn Prof. Dr. Günter Schmidt
Zentralinstitut für Mathematik und Mechanik
an der Akademie der Wissenschaften der DDR
DDR-108 Berlin, Mohrenstraße 39

Bei Einreichen des Manuskripts hat der Autor verbindlich zu erklären, daß sein Aufsatz noch in keiner anderen allgemein zugänglichen Zeitschrift veröffentlicht worden ist bzw. kein Antrag auf Veröffentlichung in einer solchen Zeitschrift läuft.

Es wird erwartet, daß der Autor über eine weitere Kopie verfügt. Die Manuskripte müssen in ihrer äußeren Gestaltung folgenden Anforderungen genügen, anderenfalls sie zurückgewiesen werden können oder in der Bearbeitung lange Verzögerungen eintreten:

1. Die Manuskripte sind in einwandfreier sprachlicher Form (einschließlich Orthographie, Interpunktion) einzureichen.

2. Die Manuskriptseiten sind nur einseitig zu beschreiben. Der Text ist mit Maschine mit weitem Zeilenabstand (zweizeilig) und mit mindestens 3 cm breitem Rand zu schreiben.

3. Die **Formeln** müssen einwandfrei lesbar mit Maschine oder in Druckschrift und mit großem Zeilenabstand geschrieben sein. Für mehrfach wiederkehrende umfangreiche oder drucktechnisch komplizierte Terme sind abkürzende Bezeichnungen einzuführen. Bei Exponentialausdrücken mit längerem Exponenten ist weitgehend von der Schreibweise exp (...) Gebrauch zu machen. Die verwendeten Formelzeichen sind in einer für den Setzer eindeutigen Weise zu kennzeichnen und gegebenenfalls in einer besonderen Liste zu erläutern. Um unnötige Korrekturen zu vermeiden, ist genau zu unterscheiden, zwischen v, ν, γ und r; φ und Φ; ψ und Ψ; 0(Null), O, o, Θ und θ ×; l, l und e; K, k und $\varkappa$; i und ι; ζ und ξ; x, X und χ; u und n. Griechische Buchstaben können rot unterstrichen werden. Die wichtigsten, insbesondere auch die im weiteren Verlauf des Textes zitierten Formeln sind am r e c h t e n Rand der Manuskriptseiten in runden Klammern durchzunumerieren.

4. Es ist darauf zu achten, daß alle benutzten Abkürzungen definiert sind. Es wird gebeten, Textabkürzungen wie Dgl., eq. zu vermeiden.
Sätze, Hilfssätze, Korrolare, Definitionen, Beweise u. dgl. sind dadurch hervorzuheben, daß ihnen in Sperrdruck das betreffende Wort (Satz..., Beweis..., usw.) vorangestellt wird. Die Aussage eines Satzes oder Hilfssatzes wird einheitlich kursiv gedruckt. Das Ende einer solchen Aussage oder eines Beweises ist im Manuskript zu markieren. Bei Hauptaufsätzen ist im Interesse einer übersichtlicheren Gliederung und besseren Lesbarkeit weitgehend von der Möglichkeit Gebrauch zu machen, einzelne Passagen (Beweise, Bemerkungen, ...) durch Kleindruck gegenüber dem Haupttext zurücktreten zu lassen und die Stellen durch den Hinweis „Petit" zu kennzeichnen.

5. Als Vorlagen für die **Abbildungen** sind saubere Zeichnungen in Bleistift oder Tusche (Beschriftung nur mit Bleistift) auf gesonderten Blättern und in einem genügend großen, eine Verkleinerung gestattenden Format erforderlich. Da Korrekturen in den Abbildungen schwierig sind, ist hier besonders sorgfältig zwischen ähnlichen Buchstaben zu unterscheiden (vgl. 3).

6. Auf **Literatur** ist im Text durch Nummern in eckigen Klammern zu verweisen. Das nach diesen Nummern geordnete Literaturverzeichnis erscheint am Ende des Aufsatzes. Es wird gebeten, darin die Literatur nach folgendem Muster anzuführen:

bei Büchern:
Householder, A. S., The theory of matrices in numerical analysis, Blaisdell Publ. Comp., New York/Toronto/London **1964**.

bei Zeitschriftenartikeln:
Weissinger, J., Zur nichtlinearen Theorie der ungleichförmigen Umströmung von Profilen, Z. Angew. Math. u. Mech. **50** **(1970)**, S. 337–346.

bei Sammelwerken:
B a r b e r, J. R., Thermoelastic contact problems. In: de Pater, A. D.; Kalker, J. J. (Ed.), The mechanics of the contact between deformable bodies. Proc. Symp. IUTAM, Enschede 20. bis 23. 8. 74. Delft: Delft University Press 1975, S. 177–205.

Russischsprachige Zitate können in kyrillischen Buchstaben oder in einer der gebräuchlichen Transliterationen geschrieben werden.

Handelt es sich bei der zitierten Literaturstelle um eine Übersetzung, so ist anzugeben, wo bzw. in welcher Zeitschrift, in welchem Jahr und in welcher Sprache das Original erschienen ist.

7. Den Manuskripten, die als Hauptaufsätze bestimmt sind, ist auf gesondertem Blatt eine **Zusammenfassung** von höchstens 15 Zeilen in englischer, deutscher und russischer Sprache beizufügen. Falls sie nicht in deutscher oder russischer Sprache geliefert werden kann, ist wenigstens eine Liste der vorkommenden Fachausdrücke in der fehlenden Sprache erwünscht.

Auch bei Kleinen Mitteilungen ist eine kurze Zusammenfassung in der Sprache der Arbeit erwünscht.

8. Dem Manuskript ist die **Anschrift der Autoren** (mit akademischem Titel und Institut) beizufügen, die am Ende des Aufsatzes zur Information des Lesers veröffentlicht wird. Darüber hinaus sind diejenigen Anschriften anzugeben, an welche die Korrekturabzüge und die Sonderdrucke zu senden sind. Ändert sich während der Laufzeit einer Arbeit eine Anschrift, so ist dies zur Vermeidung von Fehlleitungen und langen Verzögerungen dem Herausgeber der ZAMM mitzuteilen. Die Autoren erhalten von den Hauptaufsätzen 75, von den Kleinen Mitteilungen 25 Sonderdrucke ohne Berechnung darüber hinaus weitere gegen Berechnung.

Remarks for authors

Manuscripts (master and one copy) and other correspondence relating to the contents of the journal should be addressed to the editor of ZAMM, either through any one member of the editorial board or direct to the following address:

Zeitschrift für Angewandte Mathematik und Mechanik
c/o Prof. Dr. Günter Schmidt
Zentralinstitut für Mathematik und Mechanik
an der Akademie der Wissenschaften der DDR
DDR-108 Berlin, Mohrenstraße 39

On submitting manuscripts authors must give the explicit assurance that the paper submitted has not previously been published in, nor been submitted for publication to, another public journal.

Authors should have a copy of their manuscript.
The following rules in the set-up of manuscripts should be observed to avoid the risk of delayed publication or even rejection.

1. The manuscripts should be well written (including spelling and punctuation).

2. The text should be typewritten using only one side of the sheet, with adequate line spacing (2-line spacing) and a margin of not less than 3 cm.

3. **Formulas** must be clearly legible (typewritten or written clearly) and with adequate line spacing. Long terms that occur especially frequently or terms that present especial difficulty to type-setters should be abbreviated, if possible. In exponential expressions with comparatively long exponents the abbreviation "exp(...)" should preferable be used throughout. Signs used in formulas should be clearly recognizable to type-setters or, if necessary, explained in an appended list. To avoid tiresome corrections special care should be taken to clearly distinguish between: $\boldsymbol{v}$, γ, v and r; φ and Φ; ψ and Ψ; 0(zero), O, o, Θ and θ; 1, l und e, K, k and $\varkappa$; i and ι; ξ and ζ; x, X and χ; u and n. It would be helpful if Greek letters are underlined in red. Major formulas, in particular the ones quoted throughout the text, should be numbered continually on the right margin (in parentheses).

4. All abbreviations must be defined, and abbreviated words or text sections should be avoided.
Theorems, corollaries, definitions, proofs, etc. should be emphasized by printing, in spaced type, the relevant term (theorem..., proof..., etc.) in front of the expression, which, in its turn, will be printed uniformly in italics. The end of a theorem, proof. etc. should be marked in the manuscript. Certain passages (proofs, remarks, etc.) in articles and monographs may be printed in smaller type to ensure easy readability and should, therefore, be marked "petit" in the manuscript.

5. **Illustrations** should be in the form of clear pencil or ink drawings (captions, legends, etc. in pencil only!) on separate sheets, big enough to be scaled down.
Since corrections in illustrations are difficult special care must be taken to differentiate clearly between similar letters (see paragraph 3).

6. **References** should be numbered in brackets throughout the text, with the bibliography according to these numbers appended. References should follow the model printed below:

books:
HOUSEHOLDER, A. S., The theory of matrices in numerical analysis, Blaisdell Publ. Comp. New York/Toronto/London 1964, p. 74.

articles:
WEISSINGER, J., Zur nichtlinearen Theorie der ungleichförmigen Umströmung von Profilen, ZAMM **50** (1970), S. 337–346.

proceedings etc.:
Barber, J. R., Thermoelastic contact problems. In: de Pater, A. D.; Kalker, J. J. (Ed.), The mechanics of the contact between deformable bodies. Proc. Symp. IUTAM, Enschede 20.–23. 8. 74. Delft: University Press 1975. S. 177–205.

Russian quotations can be written in Cyrillic letters or in customary transcriptions.
In cases of translated references, the original source (name of periodical, year of publication, original language) should be stated.

7. A concise **summary** (not more than 15 lines) in English, German or Russian should be provided on a separate sheet for manuscripts intended as major articles. If a summary cannot be provided in German or Russian, a list of the technical terms of the missing language will be appreciated. A brief summary is also desired of shorter contributions (Kleine Mitteilungen) in the same language as the contribution.

8. Authors should state their academic title, institute and address which will be published at the end of the contribution for the information of readers. Addresses should also be stated of persons to whom galley proofs and reprints are to be sent. The editors of ZAMM should be notified of any change of the author's address occuring after submission of a contribution, so as to avoid any postal errors and delays. Authors of major articles will be supplied with 75 free reprints: authors of other contributions will receive 25. All additional reprints have to be paid for.

ZEITSCHRIFT FÜR ANGEWANDTE MATHEMATIK UND MECHANIK
Herausgeber und Chefredakteur: Prof. Dr. Günter Schmidt (redaktionelle Mitarbeit: Dr. W. Heinrich und Dr. H. Weinert), Zentralinstitut für Mathematik und Mechanik der Akademie der Wissenschaften der DDR. Verlag: Akademie-Verlag, DDR-108 Berlin, Leipziger Straße 3–4; Fernruf: 2236229 oder 2236221; Telex-Nr.: 114420; Bank: Staatsbank der DDR, Berlin, Kto.-Nr.: 6836-26-20712. Anschrift der Redaktion: Zentralinstitut für Mathematik und Mechanik der Akademie der Wissenschaften, DDR-108 Berlin, Mohrenstraße 39; Fernruf 2000561.

Veröffentlicht unter der Lizenznummer 1282 des Presseamtes beim Vorsitzenden des Ministerrates der Deutschen Demokratischen Republik. Gesamtherstellung: VEB Druckerei „Thomas Müntzer", DDR-582 Bad Langensalza. Erscheinungsweise: Die Zeitschrift für Angewandte Mathematik und Mechanik erscheint monatlich. Die 12 Hefte eines Jahres einschließlich Tagungsheft bilden einen Band. Bezugspreis je Band 324,– M zuzüglich Versandspesen (Preis für die DDR 216,– M). Bezugspreis je Heft 27,– M (Preis für die DDR 18,– M).

AN (EDV) 35937

ZAMM 61, 477–485 (1981)

E. FEHLBERG

Eine Runge-Kutta-Nyström-Formel 9-ter Ordnung mit Schrittweitenkontrolle für Differentialgleichungen $\ddot{x} = f(t, x)$

Eine Runge-Kutta-Nyström-Formel 9-ter Ordnung für $\ddot{x} = f(t, x)$ mit Schrittweitenkontrolle in x wird aufgestellt. Die vollständigen Bedingungsgleichungen für solch eine Formel werden angegeben. Die Reduktion der Bedingungsgleichungen wird erörtert. Die Berechnung der Koeffizienten der Formel wird erläutert. Die Fehlerterms der Formel werden diskutiert. Die Koeffizienten einer Formel mit kleinen Fehlerterms werden in Bruchform angegeben. Die Anwendung der Formel auf Quadraturprobleme $\ddot{x} = f(t)$ wird diskutiert. In zwei numerischen Beispielen wird die Formel bezüglich Genauigkeit und Zeitbedarf mit bekannten Formeln 8-ter und 10-ter Ordnung verglichen.

A 9-th order Runge-Kutta-Nyström formula for $\ddot{x} = f(t, x)$ with stepsize control in x is presented. The complete equations of condition for such a formula are listed. The reduction of these equations is discussed. The computation of the coefficients for such a formula is explained. The error terms of the formula are discussed. The coefficients of a formula with small error terms are presented in fraction form. The application of the formula to quadrature problems $\ddot{x} = f(t)$ is explained. In two numerical examples a comparison with respect to accuracy and time consumption is made between the 9-th order formula and known formulas of the 8-th and 10-th orders.

Составляется формула 9-ого порядка для $\ddot{x} = f(t, x)$ типа Рунге-Кутта-Нистрёма о проверке в x величины шага. Даются полные условные уравнения для такой формулы. Обсуждается редукция условных уравнениях и об'ясняется вычисление коэффициентов формулы. Рассматриваются термы ошибок формулы а коэффициенты формулы с маленькими термами ошибок даются в виде дроби. Рассматривается применение формулы на задачу о квадратуре $\ddot{x} = f(t)$. В двух вычислительных примерах сравнивается формула с знакомыми формулами 8-ого и 10-ого порядка относительно к точности и потребности времени.

1. Einleitung

Die direkte Integration von Differentialgleichungen zweiter Ordnung von der Form $\ddot{x} = f(t, x)$ durch Methoden vom Runge-Kutta-Nyström-Typ erfordert weniger Aufwand als die Integration des auf Differentialgleichungen erster Ordnung zurückgeführten entsprechenden Systems durch Runge-Kutta-Formeln. Denn da die Zahl der Bedingungsgleichungen, die die Runge-Kutta-Nyström-Koeffizienten von $\ddot{x} = f(t, x)$ erfüllen müssen, wesentlich kleiner ist als die Zahl der Bedingungsgleichungen für die Runge-Kutta-Koeffizienten einer Differentialgleichung erster Ordnung bei gleicher Ordnung beider Formeln, ist zu erwarten, daß man bei den ersteren Formeln mit weniger Auswertungen pro Schritt auskommt als bei den letzteren. Man vergleiche hierzu etwa die beiden Arbeiten [1], [2] von E. HAIRER, in denen Formeln 10-ter Ordnung mit 11 Auswertungen pro Schritt für $\ddot{x} = f(t, x)$ und mit 17 Auswertungen pro Schritt für $\ddot{x} = f(t, x)$ aufgestellt werden.

Die meisten der in der Literatur bekannten Runge-Kutta-Nyström-Formeln für $\ddot{x} = f(t, x)$ enthalten keine Schrittweitenkontrolle. Solche Formeln vierter und fünfter Ordnung wurden bereits 1925 von E. J. NYSTRÖM [3] aufgestellt, sowie eine Formel sechster Ordnung 1955 von J. ALBRECHT [4]. In neuerer Zeit hat E. HAIRER [5] allgemeine Formeln zweiter bis sechster Ordnung mit einem freien Parameter angegeben sowie spezielle Formeln siebenter und achter Ordnung und schließlich in [1] die oben erwähnte spezielle Formel 10-ter Ordnung.

Diese Formeln ohne Schrittweitenkontrolle eignen sich gut für Probleme, für die die Integration praktisch mit konstanter Schrittweite durchgeführt werden kann. Die meisten in der Praxis vorkommenden Probleme erfordern indessen eine veränderliche Schrittweite, wenn man den Abbruch- bzw. den Abrundungsfehler klein halten will. Bei den oben erwähnten Formeln ohne Schrittweitenkontrolle kann man den Abbruchfehler nach dem Richardsonschen Verfahren (zusätzliche Integration mit halber oder doppelter Schrittweite) gut kontrollieren. Dies geschieht allerdings auf Kosten der Auswertungen pro Integrationsschritt, da die Auswertungen praktisch verdoppelt werden müssen. So würde man bei der Formel 10-ter Ordnung von E. HAIRER [1] statt 11 Auswertungen pro Schritt 21 solche Auswertungen benötigen bei Verwendung des Richardsonschen Verfahrens zur Schrittweitenkontrolle.

Es ist daher versucht worden, die Zahl der Auswertungen pro Schritt durch eine in die Formel eingebaute Schrittweitenkontrolle zu verringern. So hat der Verfasser in früheren Arbeiten [6], [7] Runge-Kutta-Nyström-Formeln n-ter Ordnung ($n = 4, 5, 6, 7, 8$) mit Schrittweitenkontrolle in x für Differentialgleichungen der Form $\ddot{x} = f(t, x)$ angegeben durch Aufstellung eines Paares von Formeln n-ter und $(n + 1)$-ter Ordnung für x derart, daß die Formel $(n + 1)$-ter Ordnung nur eine einzige zusätzliche Auswertung erfordert. Für $\dot{x}$ wird dabei eine Formel n-ter Ordnung benutzt.

Man kann eine Schrittweitenkontrolle in ähnlicher Weise statt auf x auch auf $\dot{x}$ anwenden, wie der Verfasser in einer weiteren Arbeit [8] ausgeführt hat. Schließlich ist es auch möglich, eine Schrittweitenkontrolle sowohl in x, als auch in $\dot{x}$ durchzuführen. Man vergleiche hierzu die Dissertation von M. K. HORN [9]. Die Kontrolle in $\dot{x}$ oder in x und $\dot{x}$ ist aufwendiger als die Kontrolle in x, d. h. die Gesamtzahl der Auswertungen pro Schritt ist größer als im Falle der Kontrolle in x. In allen uns zur Kenntnis gekommenen Fällen hat sich die Kontrolle in x als ausreichend zuverlässig erwiesen, wenngleich in extremen Fällen (für sehr große $\dot{x}$-Werte) eine Schrittweitenkontrolle in $\dot{x}$ oder in x und $\dot{x}$ genauere Werte ergeben mag.

Es soll in diesem Zusammenhang nicht unerwähnt bleiben, daß bereits 1925 von J. E. NYSTRÖM ([3], S. 25) darauf hingewiesen wurde, daß man im Falle einer Differentialgleichung $\ddot{x} = f(t, x, \dot{x})$ aus einer Formel vierter Ordnung in x und $\dot{x}$ durch eine einzige zusätzliche Auswertung eine Formel fünfter Ordnung in x gewinnen kann unter Beibehaltung der Formel vierter Ordnung in $\dot{x}$. Darin liegt bereits der Grundgedanke einer Schrittweitenkontrolle in x, wenn auch J. E. Nyström noch nicht vorschlägt, die Differenz zwischen den Formeln vierter und fünfter Ordnung in x zur Schrittweitenkontrolle für die Formel vierter Ordnung in x zu verwenden.

Im folgenden werden wir eine Runge-Kutta-Nyström-Formel 9-ter Ordnung mit Schrittweitenkontrolle in x herleiten. Und zwar werden wir, ähnlich wie in [6], [7] ein Formelpaar 9-ter und 10-ter Ordnung aufstellen. Für die Formel 9-ter Ordnung werden wir 13 Auswertungen pro Schritt benötigen und für die für die Schrittweitenkontrolle verwendete Formel 10-ter Ordnung eine einzige zusätzliche Auswertung. Da wir die letzte Auswertung als erste Auswertung für den nächsten Schritt übernehmen werden, brauchen wir für den Anfangsschritt der Integration eine Auswertung mehr.

Da keine Runge-Kutta-Nyström-Formeln 9-ter Ordnung bekannt zu sein scheinen, werden wir in Abschnitt 5 unserer Arbeit unsere Formel 9-ter Ordnung in zwei numerischen Beispielen mit bekannten Formeln 8-ter und 10-ter Ordnung vergleichen.

2. Die Bedingungsgleichungen

Das System von Differentialgleichungen, mit dem wir uns in dieser Arbeit beschäftigen, sei vorgelegt in der Form

$$\ddot{x} = \frac{d^2 f}{dt^2} = f(t, x) . \tag{1}$$

Wir setzen die Anfangswerte für den Integrationsschritt, den wir betrachten, gleich t_0, x_0 und $\dot{x}_0 = \left(\frac{dx}{dt}\right)_0$ und machen für die Runge-Kutta-Nyström-Auswertungen der rechten Seite von (1) den Ansatz (h bezeichne die Schrittweite):

$$f_0 = f(t_0, x_0) ,$$

$$f_i = f(t_0 + \alpha_i h, x_0 + \dot{x}_0 \alpha_i h + h^2 \cdot \sum_{j=0}^{i-1} \gamma_{ij} f_j) , \qquad i = 1, 2, \dots , 14 , \tag{2}$$

mit noch unbestimmten Koeffizienten α_i und γ_{ij}.

Unsere Runge-Kutta-Nyström-Formeln setzen wir unter Benutzung der f_0- und f_i-Werte (2) an in der Form

$$x = x_0 + \dot{x}_0 h + h^2 \cdot \sum_{i=0}^{13} c_i f_i + O(h^{10}) ,$$

$$x = x_0 + \dot{x}_0 h + h^2 \cdot \sum_{i=0}^{14} \hat{c}_i f_i + O(h^{11}) , \qquad \dot{x} = \dot{x}_0 + h \cdot \sum_{i=0}^{13} \dot{c}_i f_i + O(h^{10}) , \tag{3}$$

wobei wir noch fordern:

$$\hat{c}_i = c_i , \qquad i = 0, 1, 2, \dots , 12 , \qquad \hat{c}_{13} = 0 , \qquad \hat{c}_{14} = c_{13} . \tag{4}$$

Damit wir die letzte Auswertung f_{14} als erste Auswertung f_0 für den nächsten Schritt übernehmen können, muß offenbar gelten:

$$\alpha_{14} = 1 , \qquad \gamma_{14,j} = c_j , \qquad j = 0, 1, 2, \dots , 13 . \tag{5}$$

Unsere Aufgabe besteht nun darin, die noch unbestimmten Koeffizienten α_i, γ_{ij}, c_i, $\hat{c}_i$, $\dot{c}_i$ — die c_i, $\hat{c}_i$ haben soweit lediglich den Bedingungen (4) zu genügen — so zu bestimmen, daß die rechten Seiten von (3) tatsächlich Approximationen 9-ter bzw. 10-ter Ordnung für x und 9-ter Ordnung für $\dot{x}$ sind. Wenn dies der Fall sein soll, müssen diese Koeffizienten den sogenannten Bedingungsgleichungen genügen, die man erhält, wenn man beide Seiten von (1) in eine Taylor-Reihe entwickelt und die Koeffizienten entsprechender Glieder der beiden Seiten einander gleich setzt.

Diese Bedingungsgleichungen bis zur 10-ten Ordnung für x bzw. 9-ten Ordnung für $\dot{x}$ sind in unserem NASA-Report [6] hergeleitet und zusammengestellt. In einer unveröffentlichten Arbeit [10] hat D. G. Bettis u. a. die Liste dieser Bedingungsgleichungen bis zur 15-ten Ordnung in x bzw. 14-ten Ordnung in $\dot{x}$ erweitert. Da diese beiden Arbeiten [6], [10] nicht leicht zugänglich sind, haben wir in Tabelle 1 dieser Arbeit diese Bedingungsgleichungen bis zur 11-ten Ordnung in x bzw. 10-ten Ordnung in $\dot{x}$ noch einmal unter Benutzung der Schreibweise von D. G. Bettis zusammengestellt.

Die Tabelle 1 bedarf einiger Erläuterungen: Die Bedingungsgleichungen sind in der Überschrift der Tabelle formuliert. Die Tabelle enthält die numerischen Faktoren A und B der Bedingungsgleichungen n-ter Ordnung für x bzw. $(n - 1)$-ter Ordnung für $\dot{x}$ für $n = 2, 3, \dots , 11$, sowie die α, γ-Kombinationen der Klammern $\langle \dots \rangle$. Für diese Kombinationen haben wir zwei Fälle zu unterscheiden:

1) Die Kombination enthält keine runde Klammer. Dann sind die α, γ-Werte ‚hintereinander geschaltet'. Das letzte α bedeutet stets α_1, das linke benachbarte γ ist γ_{21}.) Steht links von diesem γ ein α, so ist dies α_2, steht dagegen dort wieder ein γ, so ist dies γ_{32}, usw.

Beispiel 1: $n = 10, \nu = 18$. Das erste Glied der Klammer ist $\alpha_3\gamma_{32}\alpha_2\gamma_{21}\alpha_1^2$, das zweite Glied in entsprechender Verallgemeinerung $\alpha_4[\gamma_{42}\alpha_2\gamma_{21}\alpha_1^2 + \gamma_{43}\alpha_3(\gamma_{31}\alpha_1^2 + \gamma_{32}\alpha_2^2)]$, usw. Die Bedingungsgleichung $n = 10$, $\nu = 18$ lautet dann, als Bedingungsgleichung in x geschrieben:

$$\frac{1}{2} \{ c_3\alpha_3\gamma_{32}\alpha_2\gamma_{21}\alpha_1^2 + c_4\alpha_4[\gamma_{42}\alpha_2\gamma_{21}\alpha_1^2 + \gamma_{43}\alpha_3(\gamma_{31}\alpha_1^2 + \gamma_{32}\alpha_2^2)] + \dots \} = \frac{40}{10!} .$$

Tabelle 1. Vollständige Bedingungsgleichungen für RKN 9(10) in x: $\frac{1}{A} c \langle\ldots\rangle - \frac{B}{n!} = 0$, in $\dot{x}$: $\frac{1}{A} \dot{c} \langle\ldots\rangle - \frac{B}{(n-1)!} = 0$

n	ν	A	$\langle\ldots\rangle$	B
2	1	1	1	1
3	1	1	α	1
4	1	2	α^2	1
5	1	6	α^3	1
	2	1	$\gamma\alpha$	1
6	1	24	α^4	1
	2	2	$\gamma\alpha^2$	1
	3	1	$\alpha\gamma\alpha$	4
7	1	120	α^5	1
	2	6	$\gamma\alpha^3$	1
	3	2	$\alpha\gamma\alpha^2$	5
	4	2	$\alpha^2\gamma\alpha$	10
	5	1	$\gamma\gamma\alpha$	1
8	1	720	α^6	1
	2	24	$\gamma\alpha^4$	1
	3	6	$\alpha\gamma\alpha^3$	6
	4	4	$\alpha^2\gamma\alpha^2$	15
	5	6	$\alpha^3\gamma\alpha$	20
	6	2	$(\gamma\alpha)^2$	10
	7	2	$\gamma\gamma\alpha^2$	1
	8	1	$\gamma\alpha\gamma\alpha$	4
	9	1	$\alpha\gamma\gamma\alpha$	6
9	1	5040	α^7	1
	2	120	$\gamma\alpha^5$	1
	3	24	$\alpha\gamma\alpha^4$	7
	4	12	$\alpha^2\gamma\alpha^3$	21
	5	12	$\alpha^3\gamma\alpha^2$	35
	6	24	$\alpha^4\gamma\alpha$	35
	7	2	$(\gamma\alpha, \gamma\alpha^2)$	35
	8	2	$\alpha(\gamma\alpha)^2$	70
	9	6	$\gamma\gamma\alpha^3$	1
	10	2	$\gamma\alpha\gamma\alpha^2$	5
	11	2	$\gamma\alpha^2\gamma\alpha$	10
	12	2	$\alpha\gamma\gamma\alpha^2$	7
	13	1	$\alpha\gamma\alpha\gamma\alpha$	28
	14	2	$\alpha^2\gamma\gamma\alpha$	21
	15	1	$\gamma\gamma\gamma\alpha$	1
10	1	40320	α^8	1
	2	720	$\gamma\alpha^6$	1
	3	120	$\alpha\gamma\alpha^5$	8
	4	48	$\alpha^2\gamma\alpha^4$	28
	5	36	$\alpha^3\gamma\alpha^3$	56
	6	48	$\alpha^4\gamma\alpha^2$	70
	7	120	$\alpha^5\gamma\alpha$	56
	8	6	$(\gamma\alpha, \gamma\alpha^3)$	56
	9	8	$(\gamma\alpha^2)^2$	35
	10	2	$\alpha(\gamma\alpha, \gamma\alpha^2)$	280
	11	4	$\alpha^2(\gamma\alpha)^2$	280
	12	24	$\gamma\gamma\alpha^4$	1
	13	6	$\gamma\alpha\gamma\alpha^3$	6
	14	4	$\gamma\alpha^2\gamma\alpha^2$	15
	15	6	$\gamma\alpha^3\gamma\alpha$	20
	16	2	$\gamma(\gamma\alpha)^2$	10
	17	6	$\alpha\gamma\gamma\alpha^3$	8
	18	2	$\alpha\gamma\alpha\gamma\alpha^2$	40
	19	2	$\alpha\gamma\alpha^2\gamma\alpha$	80
	20	4	$\alpha^2\gamma\gamma\alpha^2$	28
	21	2	$\alpha^2\gamma\alpha\gamma\alpha$	112
	22	6	$\alpha^3\gamma\gamma\alpha$	56
	23	1	$(\gamma\alpha, \gamma\gamma\alpha)$	56
	24	2	$\gamma\gamma\gamma\alpha^2$	1
	25	1	$\gamma\gamma\alpha\gamma\alpha$	4
	26	1	$\gamma\alpha\gamma\gamma\alpha$	6
	27	1	$\alpha\gamma\gamma\gamma\alpha$	8
11	1	362880	α^9	1
	2	5040	$\gamma\alpha^7$	1
	3	720	$\alpha\gamma\alpha^6$	9
	4	240	$\alpha^2\gamma\alpha^5$	36
	5	144	$\alpha^3\gamma\alpha^4$	84
	6	144	$\alpha^4\gamma\alpha^3$	126
	7	240	$\alpha^5\gamma\alpha^2$	126
	8	720	$\alpha^6\gamma\alpha$	84
	9	24	$(\gamma\alpha, \gamma\alpha^4)$	84
	10	12	$(\gamma\alpha^2, \gamma\alpha^3)$	126
	11	6	$\alpha(\gamma\alpha, \gamma\alpha^3)$	504
	12	8	$\alpha(\gamma\alpha^2)^2$	315
	13	4	$\alpha^2(\gamma\alpha, \gamma\alpha^2)$	1260
	14	6	$(\gamma\alpha)^3$	280
	15	4	$\alpha^3(\gamma\alpha)^2$	2520
	16	120	$\gamma\gamma\alpha^5$	1
	17	24	$\gamma\alpha\gamma\alpha^4$	7
	18	12	$\gamma\alpha^2\gamma\alpha^3$	21
	19	12	$\gamma\alpha^3\gamma\alpha^2$	35
	20	24	$\gamma\alpha^4\gamma\alpha$	35
	21	2	$\gamma(\gamma\alpha, \gamma\alpha^2)$	35
	22	2	$\gamma\alpha(\gamma\alpha)^2$	70
	23	24	$\alpha\gamma\gamma\alpha^4$	9
	24	6	$\alpha\gamma\alpha\gamma\alpha^3$	54
	25	4	$\alpha\gamma\alpha^2\gamma\alpha^2$	135
	26	6	$\alpha\gamma\alpha^3\gamma\alpha$	180
	27	2	$\alpha\gamma(\gamma\alpha)^2$	90
	28	12	$\alpha^2\gamma\gamma\alpha^3$	36
	29	4	$\alpha^2\gamma\alpha\gamma\alpha^2$	180
	30	4	$\alpha^2\gamma\alpha^2\gamma\alpha$	360
	31	12	$\alpha^3\gamma\gamma\alpha^2$	84
	32	6	$\alpha^3\gamma\alpha\gamma\alpha$	336
	33	24	$\alpha^4\gamma\gamma\alpha$	126
	34	2	$(\gamma\alpha, \gamma\gamma\alpha^2)$	84
	35	1	$(\gamma\alpha, \gamma\alpha\gamma\alpha)$	336
	36	2	$(\gamma\alpha^2, \gamma\gamma\alpha)$	126
	37	1	$\alpha(\gamma\alpha, \gamma\gamma\alpha)$	504
	38	6	$\gamma\gamma\gamma\alpha^3$	1
	39	2	$\gamma\gamma\alpha\gamma\alpha^2$	5
	40	2	$\gamma\gamma\alpha^2\gamma\alpha$	10
	41	2	$\gamma\alpha\gamma\gamma\alpha^2$	7
	42	1	$\gamma\alpha\gamma\alpha\gamma\alpha$	28
	43	2	$\gamma\alpha^2\gamma\gamma\alpha$	21
	44	2	$\alpha\gamma\gamma\gamma\alpha^2$	9
	45	1	$\alpha\gamma\gamma\alpha\gamma\alpha$	36
	46	1	$\alpha\gamma\alpha\gamma\gamma\alpha$	54
	47	2	$\alpha^2\gamma\gamma\gamma\alpha$	36
	48	1	$\gamma\gamma\gamma\gamma\alpha$	1

2) Die Kombination enthält eine runde Klammer. Dann sind die beiden Teile der Klammer ‚parallel geschaltet', während jeder Teil der Klammer für sich wieder ‚hintereinander geschaltet' ist.

Beispiel 2: $n = 11$, $\nu = 21$. Das erste Glied der Klammer wird $\gamma_{32}\gamma_{21}\alpha_1 \cdot \gamma_{21}\alpha_1^2$, und die Bedingungsgleichung, als Gleichung in $\dot{x}$ geschrieben, lautet:

$$\frac{1}{2}\{\dot{c}_3\gamma_{32} \cdot \gamma_{21}\alpha_1 \cdot \gamma_{21}\alpha_1^2 + \dot{c}_4[\gamma_{42}\gamma_{21}\alpha_1 \cdot \gamma_{21}\alpha_1^2 + \gamma_{43}(\gamma_{31}\alpha_1 + \gamma_{32}\alpha_2)(\gamma_{31}\alpha_1^2 + \gamma_{32}\alpha_2^2)] + \ldots\} = \frac{35}{10!}.$$

Enthalten die beiden Teile der runden Klammer eine verschiedene Anzahl von γ-Werten, so müssen die ersten Indices der ersten γ-Werte wieder einander gleich sein.

Beispiel 3: $n = 11$, $\nu = 35$. Das erste Glied der Klammer wird in diesem Fall $(\gamma_{31}\alpha_1 + \gamma_{32}\alpha_2)\,\gamma_{32}\alpha_2\gamma_{21}\alpha_1$, und die Bedingungsgleichung, als Gleichung für $\dot{x}$ geschrieben, lautet:

$$1 \cdot \{\dot{c}_3(\gamma_{31}\alpha_1 + \gamma_{32}\alpha_2)\,\gamma_{32}\alpha_2\gamma_{21}\alpha_1 + \dot{c}_4(\gamma_{41}\alpha_1 + \gamma_{42}\alpha_2 + \gamma_{43}\alpha_3)\,[\gamma_{42}\alpha_2\gamma_{21}\alpha_1 + \gamma_{43}\alpha_3(\gamma_{31}\alpha_1 + \gamma_{32}\alpha_2)] + \ldots\} = \frac{336}{10!}.$$

Nach diesen Erläuterungen wird der Leser in der Lage sein, die Bedingungsgleichungen der Tabelle 1 in ausführlicher konventioneller Weise aufzuschreiben.

Die von D. G. Bettis [10] angegebenen Bedingungsgleichungen gehen aus den unsrigen durch Multiplikation mit unseren Faktoren A hervor. Es ist natürlich gleichgültig, welche der beiden Formen man für die Bedingungsgleichungen benutzt. Für die Berechnung der Fehlerkoeffizienten $T_i = \frac{1}{A} c\langle\ldots\rangle - \frac{B}{n!}$ bzw. $\dot{T}_i = \frac{1}{A} \dot{c}\langle\ldots\rangle - \frac{B}{(n-1)!}$ hat man indessen unsere Form der Gleichungen zu benutzen, die sich aus den Taylor-Entwicklungen der beiden Seiten von (1) und Koeffizientenvergleich unmittelbar ergibt.

3. Die Berechnung der Runge-Kutta-Nyström-Koeffizienten

Die Runge-Kutta-Nyström-Koeffizienten für unsere Formel 9(10)-ter Ordnung ergeben sich durch Auflösung der Bedingungsgleichungen der Tabelle 1. Wie in der Literatur wohlbekannt ist, kann man die Zahl der Bedingungsgleichungen durch vereinfachende Annahmen stark reduzieren. Ähnlich wie in [6], [7] machen wir die folgenden Annahmen

$$\left.\begin{aligned}&\alpha_{13} = \alpha_{14} = 1,\\ &c_i = \hat{c}_i = 0\,,\quad i = 1,2,3,4,5\,,\quad c_i = \hat{c}_i\,,\quad i = 6,7,\ldots,\quad \hat{c}_{13} = 0\,,\quad \hat{c}_{14} = c_{13}\\ &\gamma_{i1} = 0\,,\quad i = 4,5,\ldots,14\,.\end{aligned}\right\} \tag{6}$$

Wegen dieser Annahmen (6) für die c_i und die $\hat{c}_i$ reduziert sich die Differenz $x - \hat{x}$ zwischen der ersten und der weiten Gleichung (3), die den führenden Term für den lokalen Abbruchfehler der ersten Gleichung (3) darstellt, zu

$$TE = c_{13}(f_{13} - f_{14})\,h^2\,. \tag{7}$$

Der Ausdruck (7) wird in üblicher Weise für die Schrittweitenkontrolle in x für unsere Formel 9-ter Ornung verwendet.

Wir machen weiter die folgenden vereinfachenden Annahmen:

$$(\mathrm{A1}, i):\quad \sum_{j=1}^{i-1} \gamma_{ij}\alpha_j = \tfrac{1}{6}\,\alpha_i^3\,,\quad i = 2,3,\ldots,13\,,\qquad (\mathrm{A2}, i):\quad \sum_{j=1}^{i-1} \gamma_{ij}\alpha_j^2 = \tfrac{1}{12}\,\alpha_i^4\,,\quad i = 2,3,\ldots,13\,,$$

$$(\mathrm{A3}, i):\quad \sum_{j=1}^{i-1} \gamma_{ij}\alpha_j^3 = \tfrac{1}{20}\,\alpha_i^5\,,\quad i = 4,5,\ldots,13\,,\qquad (\mathrm{A4}, i):\quad \sum_{j=1}^{i-1} \gamma_{ij}\alpha_j^4 = \tfrac{1}{30}\,\alpha_i^6\,,\quad i = 6,7,\ldots,13;$$

$$(\mathrm{B}j):\quad \sum_{i=6}^{13} c_i\gamma_{ij} = 0\,,\qquad (\mathrm{B}j^\cdot):\quad \sum_{i=6}^{13} \dot{c}_i\gamma_{ij} = 0\,,\quad j = 2,3,4,5;$$

$$(\mathrm{C}j):\quad \sum_{i=6}^{13} c_i\alpha_i\gamma_{ij} = 0\,,\qquad (\mathrm{C}j^\cdot):\quad \sum_{i=6}^{13} \dot{c}_i\alpha_i\gamma_{ij} = 0\,,\quad j = 2,3\,.$$

Die obigen Annahmen (6), (A), (B) und (C) reduzieren die Bedingungsgleichungen der Tabelle 1 zu zwei Systemen von sehr wenigen Gleichungen. Das erste System, (D), enthält nur die α_i und c_i bzw. $\dot{c}_i$:

$$\left.\begin{aligned}&(\mathrm{D}, k):\ \sum_{i=6}^{13} c_i\alpha_i^k = \frac{1}{(k+1)(k+2)}\,,\\ &(\mathrm{D}^\cdot, k):\ \sum_{i=6}^{13} \dot{c}_i\alpha_i^k = \frac{1}{k+1}\end{aligned}\right\}\ k = 1,2,\ldots,8\,.$$

Es sind dies die Gleichungen für $n = 3, 4, \ldots, 10$; $\nu = 1$, der Tabelle 1. Das zweite System, (E), lautet, wenn wir die Abkürzung

$$\sum_{j=1}^{i-1} \gamma_{ij}\alpha_j^k = Q_{ik} \tag{8}$$

einführen, wie folgt:

$$(\mathrm{E1}):\quad \sum_{i=6}^{12} c_iQ_{i5} + c_{13}\begin{Bmatrix}Q_{135}\\ 1/42\end{Bmatrix} = \frac{1}{3024}\,,\qquad (\mathrm{E3}):\quad \sum_{i=6}^{12} c_iQ_{i6} + c_{13}\cdot\frac{1}{56} = \frac{1}{5040}\,,$$

$$(\mathrm{E1}^\cdot):\quad \sum_{i=6}^{13} \dot{c}_iQ_{i5} = \frac{1}{336}\,,\qquad (\mathrm{E3}^\cdot):\quad \sum_{i=6}^{13} \dot{c}_iQ_{i6} = \frac{1}{504}\,,$$

$$(\mathrm{E2}):\quad \sum_{i=6}^{12} c_i\alpha_iQ_{i5} + \dot{c}_{13}\,\frac{1}{42} = \frac{1}{3780}\,,\qquad (\mathrm{F}, i):\quad \sum_{j=0}^{i-1} \gamma_{ij} = \frac{1}{2}\alpha_i^2\,,\ i = 1,2,\ldots,13\,.$$

$$(\mathrm{E2}^\cdot):\quad \sum_{i=6}^{13} \dot{c}_i\alpha_iQ_{i5} = \frac{1}{378}\,,$$

In (E1) gilt der obere Wert in der geschweiften Klammer für $n = 9$, der untere für $n = 10$. Da beide Gleichungen (E1) gleichzeitig gelten müssen, so muß sein:

$$Q_{125} = \tfrac{1}{42}\,. \tag{9}$$

Die Gleichungen (E) entsprechen den Gleichungen für $n = 9, \nu = 2, n = 10, \nu = 3$ und $n = 10, \nu = 2$ der Tabelle 1.

Wir haben nun die Gleichungen (A) bis (F) unter Benutzung von (6), (8) und (9) aufzulösen. Für vorgegebene Werte α_i sind dies Systeme von linearen Gleichungen für die Koeffizienten c_i, $\dot{c}_i$, γ_{ij}, die meisten vom Vandermonde-Typ.

Es sind jedoch nicht alle α_i frei wählbar. Aus (A1, 2) und (A2, 2) folgt die einschränkende Bedingung

$$\alpha_1 = \tfrac{1}{2}\alpha_2\,. \tag{10}$$

und aus (A1, 4), (A2, 4) und (A3, 4) die Bedingung

$$\alpha_2 = \frac{1}{5}\alpha_4 \frac{5\alpha_3 - 3\alpha_4}{2\alpha_3 - \alpha_4}. \tag{11}$$

Die übrigen α_i sind freie Parameter.

Im folgenden geben wir die Gleichungen an und die Koeffizienten, die wir aus ihnen berechnen, ohne die Auflösung dieser linearen Gleichungen hier durchzuführen.

Gleichungen	Koeffizienten
(D)	$c_6, c_7, c_8, c_9, c_{10}, c_{11}, c_{12}, c_{13}$
(D·)	$\dot{c}_6, \dot{c}_7, \dot{c}_8, \dot{c}_9, \dot{c}_{10}, \dot{c}_{11}, \dot{c}_{12}, \dot{c}_{13}$
(A1, 2)	γ_{21}
(A1, 3), (A2, 3)	γ_{31}, γ_{32}
(A1, 4), (A2, 4)	γ_{42}, γ_{43}
(A1, 5), (A2, 5), (A3, 5)	$\gamma_{52}, \gamma_{53}, \gamma_{54}$
(A1, 6), (A2, 6), (A3, 6), (A4, 6)	$\gamma_{62}, \gamma_{63}, \gamma_{64}, \gamma_{65}$
(A1, 7), (A2, 7), (A3, 7), (A4, 7)	$\gamma_{73}, \gamma_{74}, \gamma_{75}, \gamma_{76}$ ($\gamma_{72} = 0$)
(A1, 8), (A2, 8), (A3, 8), (A4, 8)	$\gamma_{84}, \gamma_{85}, \gamma_{86}, \gamma_{87}$ ($\gamma_{82} = \gamma_{83} = 0$)
(B2), (B2·), (C2), (C2·)	$\gamma_{92}, \gamma_{102}, \gamma_{112}, \gamma_{122}$ ($\gamma_{132} = 0$, $\gamma_{142} = c_2 = 0$)
(B3), (B3·), (C3), (C3·)	$\gamma_{93}, \gamma_{103}, \gamma_{113}, \gamma_{123}$ ($\gamma_{133} = 0$, $\gamma_{143} = c_3 = 0$)
(E1), (E1·), (E2), (E2·)	$Q_{95}, Q_{105}, Q_{115}, Q_{125}$ ($Q_{135} = 1/42$)
(A1, 9), (A2, 9), (A3, 9), (A4, 9), Q_{95}	$\gamma_{94}, \gamma_{95}, \gamma_{96}, \gamma_{97}, \gamma_{98}$
(A1, 10), (A2, 10), (A3, 10), (A4, 10), Q_{105}	$\gamma_{105}, \gamma_{106}, \gamma_{107}, \gamma_{108}, \gamma_{109}$ ($\gamma_{104} = 0$)
(B4), (B4·)	$\gamma_{114}, \gamma_{124}$ ($\gamma_{134} = 0$, $\gamma_{144} = c_4 = 0$)
(B5), (B5·)	$\gamma_{115}, \gamma_{125}$ ($\gamma_{135} = 0$, $\gamma_{145} = c_5 = 0$)
(A1, 11), (A2, 11), (A3, 11), (A4, 11), Q_{115}	$\gamma_{116}, \gamma_{117}, \gamma_{118}, \gamma_{119}, \gamma_{1110}$
(E3)	Q_{126}
(A1, 12), (A2, 12), (A3, 12), (A4, 12), Q_{125}, Q_{126}	$\gamma_{126}, \gamma_{127}, \gamma_{128}, \gamma_{129}, \gamma_{1210}, \gamma_{1211}$
(E3·)	Q_{136}
(G) (siehe unten)	Q_{137}
(A1, 13), (A2, 13), (A3, 13), (A4, 13), $Q_{135}, Q_{136}, Q_{137}$	$\gamma_{136}, \gamma_{137}, \gamma_{138}, \gamma_{139}, \gamma_{1310}, \gamma_{1311}, \gamma_{1312}$
(F, i)	γ_{i0} ($i = 1. 2. \ldots, 13$)
Tabelle 1: $n = 2$, $\nu = 1$	$c_0, \dot{c}_0$

Die Gleichung (G) ist eine zusätzliche Annahme, die den Fehlerkoeffizienten $\dot{T}_2$ zu Null macht, d. h. wir fordern, daß in Tabelle 1 die Gleichung für $n = 11$, $\nu = 2$ — als Gleichung für $\dot{x}$ — ebenfalls noch erfüllt ist:

$$\text{(G)} \qquad \sum_{i=6}^{13} \dot{c}_i Q_{i7} = \tfrac{1}{720}\,.$$

Da wir noch einen Koeffizienten γ_{13j} frei hatten, erscheint die Festlegung dieses freien Koeffizienten durch (G) sinnvoll.

Nachdem wir die Koeffizienten c_i, $\dot{c}_i$ und γ_{ij} durch die Parameter α_i ausgedrückt haben, besteht unsere nächste Aufgabe darin, geeignete Werte für diese Parameter zu finden. Wir gehen dabei von zwei Gesichtspunkten aus:

1) Wir wollen alle Koeffizienten in Bruchform berechnen. Dies ist zweckmäßig, da man für sie beliebig viele gültige Ziffern ihrer Dezimalwerte angeben kann, je nach dem Bedarf der Rechenanlage. Wir müssen uns dabei allerdings auf sehr einfache Brüche für die α_i beschränken, d. h. auf Brüche mit kleinen Zählern und Nennern (möglichst <10), da die γ_{ij} sonst Brüche mit sehr großen Zählern und Nennern werden, die die Eingabe-Kapazität der Rechenanlage eventuell überfordern würden.

2) Wir wollen versuchen, durch geeignete Wahl der α_i die Fehlerkoeffizienten für unsere Runge-Kutta-Nyström-Formel — absolut — möglichst klein zu machen. Unsere vereinfachenden Annahmen (6), (A), (B), (C) reduzieren nun nicht nur die Bedingungsgleichungen sondern in entsprechender Weise auch die nicht mehr erfüllten Gleichungen für $n = 10$ (für x) und für $n = 11$ (für $\dot{x}$), die ja die Fehlerkoeffizienten des führenden Fehlerterms unserer Formel 9-ter Ordnung darstellen.

Führt man die Reduktion durch, so zeigt sich, daß für x nur ein einziger Fehlerterm berücksichtigt zu werden braucht, nämlich

$$T_2 = \frac{1}{720} c\langle\gamma\alpha^6\rangle - \frac{1}{10!}. \tag{12}$$

Die übrigen Fehlerterme sind entweder Null, oder ihre Ausdrücke sind proportional zu T_2. Insbesondere ist $T_1 = 0$ wegen unserer Annahme (6). Für $\dot{x}$ ergeben sich 10 wesentlich voneinander verschiedene Fehlerkoeffizienten:

$$\dot{T}_1, \dot{T}_3, \dot{T}_4, \dot{T}_{16}, \dot{T}_{23}, \dot{T}_{28}, \dot{T}_{38}, \dot{T}_{45}, \dot{T}_{47}, \dot{T}_{48}\,. \tag{13}$$

Die Ausdrücke für diese Fehlerkoeffizienten kann man der Tabelle 1 entnehmen. Die übrigen Fehlerkoeffizienten sind entweder Null, oder ihre Ausdrücke sind wieder proportional zu einem der Fehlerkoeffizienten (13). Die meisten der nicht in (13) aufgeführten Fehlerkoeffizienten $\dot{T}_i$ sind proportional zu $\dot{T}_1$.

Gelingt es uns, ein System von einfachen α_i-Werten so zu finden, daß T_2 und $\dot{T}_1$ beide möglichst klein werden, so kann man mit einiger Berechtigung hoffen, daß unsere Formel ein günstiges Fehlerverhalten zeigen wird.

Das folgende System von α_i-Werten schien unseren Forderungen am besten zu genügen:

$$\alpha_1 = \tfrac{1}{8}, \quad \alpha_2 = \tfrac{1}{4}, \quad \alpha_3 = \tfrac{5}{6}, \quad \alpha_4 = \tfrac{5}{9}, \quad \alpha_5 = \tfrac{2}{9}, \quad \alpha_6 = \tfrac{1}{9}, \quad \alpha_7 = \tfrac{1}{3},$$
$$\alpha_8 = \tfrac{4}{9}, \quad \alpha_9 = \tfrac{5}{9}, \quad \alpha_{10} = \tfrac{2}{3}, \quad \alpha_{11} = \tfrac{7}{9}, \quad \alpha_{12} = \tfrac{8}{9}, \quad \alpha_{13} = \alpha_{14} = 1\,. \tag{14}$$

In der folgenden Aufstellung haben wir die T_2- und $T_1^{\cdot}$-Werte unserer Formel 9-ter Ordnung, der die α-Werte (14) zugrunde liegen, mit den entsprechenden Fehlerkoeffizienten unserer früheren Formel 8-ter Ordnung und der Formel 10-ter Ordnung von E. HAIRER verglichen:

	T_2	$T_1^{\cdot}$
RKN 8(9) [6]	$0.644 \cdot 10^{-8}$	$0.638 \cdot 10^{-9}$
RKN 9(10)	$-0.450 \cdot 10^{-10}$	$0.864 \cdot 10^{-12}$
HAIRER RKN 10 [1]	$-0.570 \cdot 10^{-10}$	$0.473 \cdot 10^{-12}$

Die Fehlerkoeffizienten unserer Formel 9-ter Ordnung sind also von etwa der gleichen Größenordnung wie die der Formel 10-ter Ordnung von E. HAIRER und sehr viel kleiner als die unserer früheren Formel 8-ter Ordnung. Dies läßt vermuten, daß unsere Formel 9-ter Ordnung auch im Verhältnis zu Hairers Formel gut abschneiden wird, was wir in Abschnitt 5 an zwei numerischen Beispielen bestätigt finden werden.

Die Koeffizienten unserer Formel 9-ter Ordnung sind in Tabelle 2 zusammengestellt.

Tabelle 2. Koeffizienten für RKN 9(10)

α_i	$i = 0$	0	$i = 5$	2/9	$i = 10$	2/3
	1	1/8	6	1/9	11	7/9
	2	1/4	7	1/3	12	8/9
	3	5/6	8	4/9	13	1
	4	5/9	9	5/9	14	1

c_i	$i = 0$	8501/268800	$\dot{c}_i$	$i = 0$	2827/89600
	6	7101/44800		6	16011/89600
	7	1857/11200		7	2733/11200
	8	27/8960		8	999/44800
	9	1377/22400		9	4779/44800
	10	561/11200		10	2103/11200
	11	27/2240		11	27/1120
	12	1539/89600		12	15471/89600
	13	1/3840		13	2887/89600

γ_{ij}	$i = 1$	$j = 0$	1/128
	2	0	1/96
		1	1/48
	3	0	925/1944
		1	−250/243
		2	875/972
	4	0	575/13122
		2	5000/45927
		3	25/15309
	5	0	11918/820125
		2	33536/2525985
		3	1664/1913625
		4	−148/37125
	6	0	26669/6561000
		2	−30656/2525985
		3	−976/21049875
		4	1511/4009500
		5	4463/320760
	7	0	331/27000
		3	−28/482625
		4	1/2250
		5	43/3960
		6	5/156
	8	0	56/3645
		5	16/1215
		6	64/1215
		7	64/3645
	9	0	4493159/5495493600
		2	59150752/528941259
		3	43880008/57301969725
		4	−4467641/13433428800
		5	−14421911/67167144
		6	101171201/635034816
		7	8422393/73273248
		8	−447031/24424416
γ_{ij}	$i = 10$	$j = 0$	4540709/175896000
		2	−130288/3627855
		3	−221552/1179052875
		5	84323/1209285
		6	2743075/36586368
		7	82937/1407168
		8	12547/1407168
		9	77193881/3869712000
	11	= 0	20435635759/311411304000
		2	−260376736/881568765
		3	−181105004/95503282875
		4	−78067026887/7612276320000
		5	288366050303/532859342400
		6	−81897956141/1049571432000
		7	−516053297/24220879200
		8	53450249/1794139200
		9	1068019598143/17761978080000
		10	8745859/694008000
	12	0	1502334950729/62126555148000
		2	12568960/528941259
		3	36094208/286509848625
		4	32136481/51901884000
		5	−2005294163/39964450680
		6	808953327787/5127906139200
		7	2873425163851/18223789510080
		8	−3808059547/276118022880
		9	3351482704201/50621637528000
		10	22215607/1977922800
		11	12047/689472
	13	0	10111757/307176800
		6	95712041/614353600
		7	18442353/122870720
		8	5297501/61435360
		9	−56555829/614353600
		10	29101081/153588400
		11	−1279537/24574144
		12	171/5774
	14	j	$\gamma_{14,j} = c_j$ $(j = 0, 6, 7, 8, \ldots, 13)$

Koeffizienten, die nicht aufgeführt sind, sind Null.

4. Schrittweitenkontrolle im Falle eines Quadraturproblems

Im Falle eines Quadraturproblems

$$\ddot{x} = f(t) \tag{15}$$

wird $f_{13} = f_{14}$, und die beiden ersten Formeln (3) stellen miteinander identische Formeln 10-ter Ordnung für x dar; ihre Differenz ist also Null. Zur Schrittweitenkontrolle in x braucht man in diesem Falle eine zusätzliche Formel 11-ter Ordnung in x. Eine solche kann man aber leicht durch Hinzunahme einer weiteren Stützstelle in (D, k) gewinnen, z. B. als Lösung von

$$(\bar{D}, k): \quad \sum_{i=5}^{13} \bar{c}_i \alpha_i^k = \frac{1}{(k+1)(k+2)}, \qquad k = 1, 2, 3, \ldots, 9 .$$

Subtrahiert man diese $\bar{c}_i$-Werte von den entsprechenden c_i-Werten aus (D, k), so sind diese Differenzen die Koeffizienten der Formel für das führende Glied des Abbruchfehlers unserer Quadraturformel, die jetzt von 10-ter Ordnung ist.

Anstelle von (7) erhält man dann im Falle einer Quadratur bei Benutzung der Stützstellen $\alpha_5, \alpha_6, \ldots, \alpha_{13}$ die Formel

$$TE_Q = \left[\frac{237}{197120}(f_0 - f_{13}) + \frac{2133}{49280}(f_5 - f_{11}) - \frac{2133}{197120}(f_6 - f_{12}) - \frac{711}{7040}(f_7 - f_{10}) + \frac{2133}{14080}(f_8 - f_9)\right] \cdot h^2 . \tag{16}$$

Der Ausdruck TE_Q wird also ohne zusätzliche Auswertungen f_i von (15) erhalten, denn $f_0, f_1, \ldots, f_{13}, f_{14} = f_{13}$ liegen ja bereits ausgewertet vor, bevor man TE_Q berechnet.

Wir verweisen in diesem Zusammenhang auch auf den Appendix unserer Arbeit [11], der sich mit dem Quadraturproblem für unsere Runge-Kutta- und unsere RKT-Formeln befaßt.

5. Drei numerische Beispiele

Wir wenden unsere Formel RKN 9(10) auf das in Tabelle 3 angegebene Beispiel an, das wir bereits früher in [6], [7] untersucht haben. Da dieses Beispiel eine Lösung in geschlossener Form besitzt, können wir bei der numerischen Integration die Gesamtfehler Δx, Δy, $\Delta \dot{x}$, $\Delta \dot{y}$ laufend korrekt angeben. Zum Vergleich wurde das Beispiel auch mit der Formel 8-ter Ordnung von E. HAIRER [5], unserer Formel 8(9)-ter Ordnung [6], [7] und der Formel 10-ter Ordnung von E. HAIRER ([1], Tabelle 4) durchgerechnet. Die Rechnungen wurden auf der CDC-Cyber 174 Rechenanlage der Justus Liebig-Universität in Gießen, BRD, in doppelter Genauigkeit durchgeführt. Für die Formeln von E. HAIRER wurde zur Schrittweitenkontrolle das in der Literatur übliche Richardsonsche Verfahren (Wiederholung der Integration mit doppelter Schrittweite) verwendet, wie wir es in [6] beschrieben haben. Für unsere Formeln haben wir natürlich die eingebaute Schrittweitenkontrolle verwendet.

Tabelle 3. Vergleich verschiedener RKN-Formeln für ein numerisches Beispiel

Problem: $\begin{cases} \ddot{x} = -4t^2 x - \dfrac{2y}{\sqrt{x^2+y^2}} \\ \ddot{y} = -4t^2 y + \dfrac{2x}{\sqrt{x^2+y^2}} \end{cases}$, Anfangswerte: $t_0 = \sqrt{\dfrac{\pi}{2}} \begin{cases} x_0 = 0, \dot{x}_0 = -\sqrt{2\pi} \\ y_0 = 1, \dot{y}_0 = 0 \end{cases}$, Lösung: $\begin{cases} x = \cos(t^2) \\ y = \sin(t^2) \end{cases}$

Formel	t_{Ende}	Anz. der Schritte	Gesamtfehler für $t_{\text{Ende}} = 10$ Δx	Δy	$\Delta \dot{x}$	$\Delta \dot{y}$	Rechenzeit (sec.)	
HAIRER RKN 8	10	2422	$-0.821 \cdot 10^{-14}$	$-0.123 \cdot 10^{-13}$	$0.248 \cdot 10^{-12}$	$-0.162 \cdot 10^{-12}$	56.5	Toleranz
RKN 8(9)	10	1744	$-0.250 \cdot 10^{-15}$	$0.541 \cdot 10^{-15}$	$-0.911 \cdot 10^{-14}$	$-0.383 \cdot 10^{-14}$	28.8	$0.1 \cdot 10^{-16}$
RKN 9(10)	10	628	$0.742 \cdot 10^{-15}$	$0.368 \cdot 10^{-15}$	$-0.357 \cdot 10^{-14}$	$0.110 \cdot 10^{-13}$	13.6	
HAIRER RKN 10	10	1079	$-0.238 \cdot 10^{-14}$	$0.280 \cdot 10^{-14}$	$-0.547 \cdot 10^{-13}$	$0.432 \cdot 10^{-13}$	35.3	
RKN 9(10)	10	3235	$0.780 \cdot 10^{-22}$	$-0.367 \cdot 10^{-21}$	$0.804 \cdot 10^{-23}$	$0.155 \cdot 10^{-22}$	68.7	Toleranz
HAIRER RKN 10	10	4469	$0.385 \cdot 10^{-19}$	$0.618 \cdot 10^{-19}$	$-0.123 \cdot 10^{-17}$	$0.784 \cdot 10^{-18}$	181.9	$0.1 \cdot 10^{-23}$

Tabelle 4. Ein zweites numerisches Beispiel

Problem: $\ddot{x} = 2x^3$, Anfangswerte: $t_0 = 1$, $x_0 = 1$, $\dot{x}_0 = -1$, Lösung: $x = 1/t$

Formel	t_{Ende}	Anz. der Schritte	Gesamtfehler für $t_{\text{Ende}} = 100$ Δx	$\Delta \dot{x}$	Rechenzeit (sec.)	
RKN 9(10)	100	345	$-0.309 \cdot 10^{-17}$	$-0.923 \cdot 10^{-19}$	3.86	Toleranz
HAIRER RKN 10	100	458	$-0.259 \cdot 10^{-16}$	$-0.778 \cdot 10^{-18}$	4.14	$0.1 \cdot 10^{-23}$

Um die Formeln von E. HAIRER nicht zu benachteiligen, haben wir für alle Formeln der Tabelle 3 die gleiche Halbierungs-Verdopplungs-Technik zur Schrittweitenbestimmung verwendet, obgleich wir bei unseren Formeln durch Verwendung der sogenannten adaptiven Steuerung, bei der die jeweils zulässige Maximalschrittweite verwendet wird, den Zeitbedarf — bei geringfügiger Vergrößerung der Fehler unserer Formeln — noch wesentlich herabsetzen könnten. Die Halbierungs-Verdopplungs-Technik, wie wir sie verwendet haben, ist ebenfalls in [6] beschrieben worden.

Die Tabelle 3 zeigt die Ergebnisse für den Zeitpunkt $t = 10$, die Rechnungen wurden mit einer Toleranzforderung von $0.1 \cdot 10^{-16}$ oder $0.1 \cdot 10^{-23}$ durchgeführt. Hinsichtlich der Genauigkeit der Formeln besteht kein großer Unterschied, da wir für alle Formeln die gleiche Toleranzforderung stellten, wenngleich unsere Formeln etwas genauer zu sein scheinen. Aber hinsichtlich der Rechenzeit besteht ein erheblicher Unterschied zugunsten unserer Formeln, der sich natürlich aus dem Unterschied zwischen der Gesamtzahl der Auswertungen der Differentialgleichungen für die einzelnen Formeln erklärt:

Formel	A = Gesamtzahl der Auswertungen	Rechenzeit/A	
HAIRER: RKN 8	$15 \times 2422 = 36330$	0.00156	Tabelle 3, Toleranz $0.1 \cdot 10^{-16}$
RKN 8(9)	$11 \times 1744 = 19184$	0.00150	
RKN 9(10)	$14 \times 628 = 8792$	0.00155	
HAIRER: RKN 10	$21 \times 1079 = 22659$	0.00156	

Wie die obige Zusammenstellung zeigt, ist die Rechenzeit pro Auswertung der Differentialgleichungen bei allen vier Verfahren etwa gleich groß. Indessen benötigen die Formeln von E. HAIRER nicht nur mehr Auswertungen pro Schritt als unsere Formeln wegen ihrer aufwendigen Schrittweitenkontrolle, sondern sie benötigen auch mehr Schritte. Dies ist indessen keine auf Hairers Formeln beschränkte Erscheinung, wie man z. B. aus ([7], Tab. 7) sieht, wo die RKN-Formeln von E. J. NYSTRÖM und J. ALBRECHT mit unseren Formeln RKN 4(5), RKN 5(6) und RKN 6(7) verglichen wurden.

Da in allen unseren RKN-Formeln der Fehlerkoeffizient $T_1 = \frac{1}{(n-2)!} \cdot c\langle\ldots\rangle - \frac{1}{n!}$ Null ist und Fehlerterme, die gleich oder proportional zu T_1 sind, in dem führenden Fehlerglied am häufigsten auftreten, mag dies dazu beitragen, daß das führende Fehlerglied unserer Formeln kleiner ausfällt als das in den RKN-Formeln von E. HAIRER, J. ALBRECHT, N. E. NYSTRÖM und anderen, für die $T_1 \neq 0$ ist. Hinzu kommt, daß auch die übrigen Fehlerkoeffizienten T_i und $\dot{T}_i$ unserer Formeln im allgemeinen kleiner sind als die der entsprechenden Formeln der obigen Autoren.

Zur Illustration vergleichen wir in der folgenden Zusammenstellung die Fehlerkoeffizienten unserer Formel RKN 6(7) ([6], [7]) mit denen der Formel 6-ter Ordnung von J. ALBRECHT [1]:

	T_1	T_2	T_3	T_4	T_5
ALBRECHT	$-0.310 \cdot 10^{-5}$	$-0.248 \cdot 10^{-4}$	$-0.372 \cdot 10^{-4}$	$-0.744 \cdot 10^{-4}$	$0.329 \cdot 10^{-4}$
RKN 6(7)	0	$-.0497 \cdot 10^{-5}$	0	0	$-0.497 \cdot 10^{-5}$

	$\dot{T}_1$	$\dot{T}_2$	$\dot{T}_3$	$\dot{T}_4$	$\dot{T}_5$	$\dot{T}_6$	$\dot{T}_7$	$\dot{T}_8$	$\dot{T}_9$
ALBRECHT RKN 6	$0.515 \cdot 10^{-6}$	$0.775 \cdot 10^{-5}$	$0.248 \cdot 10^{-4}$	$0.186 \cdot 10^{-4}$	$0.661 \cdot 10^{-4}$	$0.661 \cdot 10^{-4}$	$0.186 \cdot 10^{-4}$	$0.744 \cdot 10^{-4}$	$-0.331 \cdot 10^{-4}$
RKN 6(7)	$0.291 \cdot 10^{-6}$	$-0.131 \cdot 10^{-4}$	$-0.755 \cdot 10^{-5}$	$-0.437 \cdot 10^{-5}$	$0.291 \cdot 10^{-5}$	$-0.291 \cdot 10^{-5}$	$-0.131 \cdot 10^{-4}$	$-0.522 \cdot 10^{-4}$	$-0.819 \cdot 10^{-5}$

Die kleineren Werte für unsere Fehlerkoeffizienten sind natürlich eine Folge davon, daß wir für unsere Formeln selbst mehr Auswertungen pro Schritt durchführen. Der Mehraufwand wird indessen mehr als ausgeglichen durch den geringeren Aufwand für unsere Schrittweitenkontrolle.

Der Autor ist Herrn Professor Dr. S. FILIPPI von der Justus-Liebig-Universität in Gießen, BRD, sehr zu Dank verpflichtet für die Programmierung und Durchrechnung einer größeren Zahl von Formeln mit verschiedenen Toleranzforderungen und verschiedenen Methoden der Schrittweitenkontrolle für die Beispiele in Abschnitt 5 sowie für andere Probleme.

Der Autor dankt ferner Herrn Dr. E. HAIRER von der Universität Innsbruck, Österreich, für die Überlassung einer Kopie des Berichtes [1] und anderer Arbeiten. Schließlich gebührt Herrn Professor Dr. D. G. BETTIS von der University of Texas at Austin, Texas, U.S.A., Dank für die finanzielle Unterstützung der Anfänge dieser Arbeit aus Geldmitteln der National Science Foundation, Division of Mathematical and Computer Sciences Washington, D.C. (Grant MSC 76-20022).

Literatur

1 HAIRER, E., Une méthode d'ordre 10 pour $y'' = f(x, y)$, Université de Genève, Section de Mathématiques, Genève, Mai 1976.
2 HAIRER, E., A Runge-Kutta method of order 10, J. Inst. Maths. Applics. **21**, 47—59 (1978).
3 NYSTRÖM, E. J., Über die numerische Integration von Differentialgleichungen, Acta Soc. Sci. Fenn. **50**, Nr. 13, Helsingfors 1925.
4 ALBRECHT, J., Beiträge zum Runge-Kutta-Verfahren, ZAMM **35**, 100—110 (1955).
5 HAIRER, E., Méthodes de Nyström pour l'équation différentielle $y'' = f(x, y)$, Numer. Math. **27**, 283—300 (1977).
6 FEHLBERG, E., Classical eighth- and lower-order Runge-Kutta-Nyström formulas with stepsize control for special second-order differential equations, NASA Technical Report R-381, Washington, D.C., March 1972.
7 FEHLBERG, E., Klassische Runge-Kutta-Nyström Formeln mit Schrittweiten-Kontrolle für Differentialgleichungen $\ddot{x} = f(t, x)$, Computing **10**, 305—315 (1972).

8 FEHLBERG, E., Classical eighth- and lower-order Runge-Kutta-Nyström formulas with a new stepsize control procedure for special second-order differential equations, NASA Technical Report **R-410**, Washington, D.C., June 1973.
9 HORN, M. K., Developments in high-order Runge-Kutta-Nyström formulas, Dissertation, The University of Texas at Austin, Texas, December 1977.
10 BETTIS, D. G., Equations of condition for Runge-Kutta-Nyström algorithms, The University of Texas at Austin, Dept. of Aerospace Engineering and Engineering Mechanics, Austin, Texas, November 1974.
11 FEHLBERG, E., Some new RKT-formulas for first-order differential equations requiring a minimum number of differentiations, ZAMM **60**, 185—193 (1980).

Eingereicht am 8. 9. 1980, ergänzte Fassung am 17. 2. 1981

Anschrift: Dr. E. FEHLBERG, 2113 Fairfax Street NE, Huntsville, Ala. 35811, USA.

ZAMM 61, 487 – 493 (1981)

G. Lippold

Schätzung von Diskretisierungsfehlern bei der Lösung von Gleichungen in Banach-Räumen

In einer früheren Arbeit wurde eine Begründung der Schätzung von Diskretisierungsfehlern auf der Basis des Defektes in genaueren Gleichungen entwickelt, die sich ausschließlich am Stabilitätsbegriff für diskrete Abbildungsfolgen orientiert. Dieser Zugang wird hier so erweitert, daß er Aussagen zur Konsistenzordnung gestattet, die sonst über asymptotische Entwicklungen hergeleitet werden. Am Beispiel von Zweipunkt-Randwertaufgaben für Systeme gewöhnlicher Differentialgleichungen wird die Tragfähigkeit der Ergebnisse demonstriert.

In a previous paper we verified the estimation of discretization errors by means of the defect in more accurate equations and only dealing with the notion of stability of discrete mapping sequences. This approach is now generalized to obtain results for the order of consistency which are commonly derived by asymptotic expansions. The usefullness of the results is demonstrated by the example of two-point boundary value problems for systems of ordinary differential equations.

В более ранем статье было разработано обоснование оценки ошибок дискретизации на основе невязки в более точных уравнениях, которое ориентировалось только на понятии устойчивости дискретных последовательностей отображений. Этот подход здесь расширен таким образом, что он допускает высказывания о порядке согласованности, которые иначе выводятся асимптотическими разложениями. На примере краевой задачи в двух точках для систем обыкновенных дифференциальных уравнений демонстрируется применяемость результатов.

Der lokale Diskretisierungsfehler in diskreten Gleichungen kann a-posteriori durch den von einer Näherungslösung erzeugten Defekt in genaueren Gleichungen geschätzt werden. In [5] wird diese Fehlerschätzung über den Vergleich benachbarter diskreter Abbildungen begründet. Andere Autoren erreichen auf der Basis asymptotischer Entwicklungen für lokale und globale Diskretisierungsfehler (Stetter [11, 12, 13]) weitergehende Ergebnisse, insbesondere zur Konsistenzordnung (Pereyra [7, 8], Stetter [13], Frank und Ueberhuber [2]). Sie sind natürlich an die Voraussetzungen gebunden, unter denen die Existenz solcher Entwicklungen gezeigt wurde. Hierdurch ergeben sich Einschränkungen an die Diskretisierung der unabhängigen Variablen in Differential- und Integralgleichungen (es werden kohärente Gitter vorausgesetzt) und an die Wahl der zugrundegelegten diskreten Abbildungen.

In dieser Arbeit wird der in [5] entwickelte, ausschließlich am Stabilitätsbegriff für diskrete Abbildungsfolgen orientierte Zugang so erweitert, daß er die über asymptotische Entwicklungen erzielten Aussagen umfaßt. Die Resultate werden, um ihre Tragfähigkeit zu demonstrieren, auf Zweipunkt-Randwertaufgaben für Systeme gewöhnlicher Differentialgleichungen spezialisiert.

1. Defektdefinierende Operatoren

Zu lösen sei die Gleichung

$$F(x) = 0\,, \qquad x \in \Omega\,, \tag{1.1}$$

mit einer im allgemeinen nichtlinearen Abbildung F der offenen Menge Ω aus dem reellen Banach-Raum D in den reellen Banach-Raum E. Wir nehmen an, daß zwei Folgen reeller Banach-Räume $\{D_\nu\}$, $\{E_\nu\}$, $\nu \in N$, und Folgen $P = \{p_\nu\}$, $Q = \{q_\nu\}$ von Restriktionsoperatoren existieren, die D in D_ν bzw. E in E_ν abbilden, asymptotisch linear und normkonsistent sind. Mit den so gegebenen diskreten Approximationen

$$(D, \Pi D_\nu, P), (E, \Pi E_\nu, Q) \tag{1.2}$$

zu D und E und einer Folge von Abbildungen $\{F_\nu\}$, $\nu \in N$, die offene Mengen $\Omega_\nu \subseteq D_\nu$ in E_ν abbilden, erhalten wir eine Folge diskreter Gleichungen

$$F_\nu(u) = 0\,, \qquad u \in \Omega_\nu, \qquad \nu \in N\,. \tag{1.3}$$

(Wir verwenden hier die Begriffe der diskreten Approximation und der diskreten Konvergenz von Folgen bzw. Folgen linearer Abbildungen entsprechend den in [5] gegebenen Definitionen. Auf die Kennzeichnung der den jeweiligen Räumen zugeordneten Normen wird verzichtet, die Eindeutigkeit ist durch die Festlegung der Räume gewährleistet.)

Nach [5] gilt dann der

Satz 1: *Die Gleichung* (1.1) *habe eine Lösung* x^*. F *sei in* x^* *Fréchet-differenzierbar und* $R(F'(x^*)) = E$. *Die Abbildungen* F_ν, $\nu \in N$, *seien für ein* $\delta > 0$ *in den Kugeln* $K_\nu^\delta = \{u \in D_\nu \mid \|u - p_\nu x^*\| < \delta\}$ *Lipschitz-stetig differenzierbar mit einer von* ν *unabhängigen Lipschitz-Konstante. Die Gleichungen* (1.3) *seien konsistent in* x^* (*d. h.* $F_\nu(p_\nu x^*) \to \to 0$), *und es konvergiere* $F'_\nu(p_\nu x^*) \to F'(x^*)$ *stabil. Dann existieren ein* $\nu_0 \in N$ *und ein* $\delta_0 > 0$, *so daß es für* $\nu > \nu_0$ *genau eine Lösung* $u_\nu \in K_\nu^{\delta_0}$ *der Gleichung* (1.3) *gibt. Die* u_ν *konvergieren gegen* x^*, *und mit Konstanten* $c_2 \geqq c_1 > 0$ *gilt*

$$c_1 \|F_\nu(p_\nu x^*)\| \leqq \|u_\nu - p_\nu x^*\| \leqq c_2 \|F_\nu(p_\nu x^*)\| \tag{1.4}$$

Für große ν *genügen der lokale Diskretisierungsfehler* $\tau_\nu^F(x^*) = F_\nu(p_\nu x^*)$ *und der globale Diskretisierungsfehler* $\varepsilon_\nu = = u_\nu - p_\nu x^*$ *außerdem der Beziehung*

$$\varepsilon_\nu = -F'_\nu(u_\nu)^{-1} \tau_\nu^F(x^*) + O(\|\tau_\nu^F(x^*)\|^2) = -F'_\nu(p_\nu x^*)^{-1} \tau_\nu^F(x^*) + O(\|\tau_\nu^F(x^*)\|^2)\,. \tag{1.5}$$

Bei zahlreichen Aufgaben sind zusätzlich die folgenden Bedingungen erfüllt:

(A) Es gibt Banach-Räume D^0 und E^0, die D bzw. E enthalten. Die Einbettungsoperatoren J^D: $D \to D^0$ und J^E: $E \to E^0$ sind stetig, und es gibt eine Abbildung F^0, die eine offene Menge Ω^0 aus D^0 in E^0 abbildet. Ω ist in Ω^0 enthalten, und die Einschränkung von $F^0 J^D$ auf Ω fällt mit $J^E F$ zusammen.

(Häufig ist die Einbettung von D und E in D^0 bzw. E^0 kompakt. Zum Beispiel läßt sich die durch eine gewöhnliche Differentialgleichung gegebene Abbildung F mit

$$F(y)(t) = y'(t) - f(t, y(t)), \qquad t \in I = [0, 1],$$

und r-mal stetig partiell differenzierbarem f als Abbildung von $C^{j+1}(I)$ in $C^j(I)$, $0 \leqq j \leqq r$, auffassen, jede Lösung der Gleichung liegt unabhängig davon in $C^{r+1}(I)$.)

(B) Zu D^0 und E^0 gibt es diskrete Approximationen

$$(D^0, \Pi D_\nu^0, P^0), (E^0, \Pi E_\nu^0, Q^0) \tag{1.6}$$

und zwei Folgen linearer Abbildungen $\{J_\nu^D\}$, $\{J_\nu^E\}$, $\nu \in N$, die D_ν in D_ν^0 bzw. E_ν in E_ν^0 abbilden, gegen J^D bzw. J^E konvergieren und für die

$$J_\nu^D p_\nu = p_\nu^0 J^D, \qquad J_\nu^E q_\nu = q_\nu^0 J^E \tag{1.7}$$

gilt. (Aus der diskreten Konvergenz folgt zunächst nur die gleichmäßige Beschränktheit der J_ν^D und J_ν^E, $\nu \in N$, und z. B. $||J_\nu^D p_\nu x - p_\nu^0 J^D x|| \to 0$ für jedes $x \in D$.) Weiter existiert eine Folge von Abbildungen F_ν^0 offener Mengen Ω_ν^0 aus D_ν^0 in E_ν^0, so daß für jedes $u \in \Omega_\nu \subseteq \Omega_\nu^0$

$$F_\nu^0(J_\nu^D u) = J_\nu^E F_\nu(u) \tag{1.8}$$

ist.

$u_\nu^0 = J_\nu^D u_\nu$ ist wegen (1.8) für jedes $\nu > \nu_0$ Lösung der Gleichung

$$F_\nu^0(v) = 0, \qquad v \in \Omega_\nu^0. \tag{1.9}$$

Während wir in [5] die Schätzung von $\tau_\nu^F(x^*)$ untersucht haben, wollen wir uns hier der Bestimmung von $\tau_\nu^{F^0}(x^*) = F_\nu^0(p_\nu^0 x^*) = J_\nu^E F_\nu(p_\nu x^*) = J_\nu^E \tau_\nu^F(x^*)$ zuwenden und erreichen damit eine Verallgemeinerung, die den Anwendungsbereich des gewählten Zugangs bedeutend erweitert. Wir setzen dazu die Existenz einer Folge diskreter Abbildungen $\{G_\nu\}$, $\nu \in N$, die aus D_ν in E_ν^0 abbilden, voraus, für die der lokale Diskretisierungsfehler $\tau_\nu^G(x^*) = G_\nu(p_\nu x^*)$ klein ist im Vergleich mit $\tau_\nu^{F^0}(x^*)$. (Die Folge $\{G_\nu\}$, $\nu \in N$, approximiert die Abbildung $J^E F$ aus D in E^0.)

Satz 6 aus [5] geht dann über in den

Satz 2: *Die Voraussetzungen von Satz 1 und die Bedingungen* (A) *und* (B) *seien erfüllt. Es gebe eine Folge von Abbildungen G_ν offener Mengen $\tilde{\Omega}_\nu$ aus D_ν in E_ν^0 und ein $\delta_1 > 0$, so daß die G_ν in den Kugeln*

$$K_\nu^{\delta_1} = \{u \in D_\nu \mid ||u - p_\nu x^*|| < \delta_1\}$$

Lipschitz-stetig differenzierbar sind mit einer von ν unabhängigen Lipschitz-Konstante. Die Gleichungen

$$G_\nu(u) = 0, \qquad u \in \tilde{\Omega}_\nu, \qquad \nu \in N, \tag{1.10}$$

seien konsistent in x^* und die $G_\nu'(p_\nu x^*)$ konvergent gegen $J^E F'(x^*)$. Dann existieren ein $\nu_1 \in N$ und für alle $\nu > \nu_1$ Lösungen u_ν der Gleichungen (1.3), *die gegen x^* konvergieren. Für den Defekt*

$$d_\nu = G_\nu(u_\nu), \qquad \nu > \nu_1, \tag{1.11}$$

gilt die Zerlegung

$$d_\nu = -\tau_\nu^{F^0}(x^*) + \tau_\nu^G(x^*) - \left(G_\nu'(p_\nu x^*) - J_\nu^E F_\nu'(p_\nu x^*)\right) F_\nu'(p_\nu x^*)^{-1} \tau_\nu^F(x^*) + O(||\tau_\nu^F(x^*)||^2), \tag{1.12}$$

und es ist $\lim\limits_{\nu \to \infty} d_\nu = 0$.

Beweis: Satz 1 besagt die Existenz und Konvergenz der u_ν. Für genügend große ν ist unter Ausnutzung der Lipschitz-stetigen Differenzierbarkeit und von (1.5)

$$\begin{aligned} d_\nu &= \tau_\nu^G(x^*) + G_\nu'(p_\nu x^*)(u_\nu - p_\nu x^*) + O(||\varepsilon_\nu||^2) = \\ &= \tau_\nu^G(x^*) + J_\nu^E F_\nu'(p_\nu x^*)\, \varepsilon_\nu + \left(G_\nu'(p_\nu x^*) - J_\nu^E F_\nu'(p_\nu x^*)\right) \varepsilon_\nu + O(||\varepsilon_\nu||^2) = \\ &= \tau_\nu^G(x^*) - J_\nu^E \tau_\nu^F(x^*) + \left(G_\nu'(p_\nu x^*) - J_\nu^E F_\nu'(p_\nu x^*)\right) \varepsilon_\nu + O(||\varepsilon_\nu||^2) = \\ &= \tau_\nu^G(x^*) - \tau_\nu^{F^0}(x^*) - \left(G_\nu'(p_\nu x^*) - J_\nu^E F_\nu'(p_\nu x^*)\right) F_\nu'(p_\nu x^*)^{-1} \tau_\nu^F(x^*) + O(||\tau_\nu^F(x^*)||^2). \end{aligned}$$

Aus der Konsistenz der diskreten Gleichungen und der Konvergenz der Ableitungen folgt, daß die d_ν eine Nullfolge in ΠE_ν bilden.

Um mit $-d_\nu$ den lokalen Fehler $\tau_\nu^{F^0}(x^*)$ zu schätzen, genügt es offenbar zu fordern, daß

$$\tau_\nu^G(x^*) \quad \text{und} \quad ||G_\nu'(p_\nu x^*) - J_\nu^E F_\nu'(p_\nu x^*)|| \quad \text{genügend klein}$$

sind. Hierfür ist es oft wesentlich, daß wir die G_ν als Abbildungen von D_ν in E_ν^0 auffassen (z. B. bei Differenzenapproximationen höherer Ordnung, siehe Abschnitt 2). Setzen wir bestimmte Konsistenzordnungen voraus, läßt sich die Güte der Schätzung qualitativ erfassen.

Satz 3: *Unter den Voraussetzungen von Satz 2 seien die Gleichungen* (1.3) *konsistent in x^* mit der Ordnung k, die Gleichungen* (1.10) *konsistent in x^* mit der Ordnung $l > k$, und es gelte mit $m > 0$*

$$||G_\nu'(p_\nu x^*) - J_\nu^E F_\nu'(p_\nu x^*)|| = O(\nu^{-m}). \tag{1.13}$$

Dann erfüllt der Defekt d_ν aus (1.11) *die Beziehung*

$$||d_\nu + \tau_\nu^{F^0}(x^*)|| = O(\nu^{-\min(l, m+k, 2k)}) . \tag{1.14}$$

Beweis: Wegen (1.12) und der stabilen Konvergenz der $F_\nu'(p_\nu x^*)$ haben wir

$$||d_\nu + \tau_\nu^{F^0}(x^*)|| =$$
$$= ||\tau_\nu^G(x^*)|| + ||G_\nu'(p_\nu x^*) - J_\nu^E F_\nu'(p_\nu x^*)|| \cdot ||F_\nu'(p_\nu x^*)^{-1}|| \cdot ||\tau_\nu^F(x^*)|| + O(\nu^{-2k}) =$$
$$= O(\nu^{-\min(l, m+k, 2k)}) .$$

Für den Spezialfall, in dem die diskreten Approximationen (1.2) und (1.6) identisch sind und $F = F^0$, $F_\nu = F_\nu^0$, $\nu \in N$, gilt, ergeben sich aus den Sätzen 2 und 3 die Sätze 6 und 7 in [5].

Mit der Schätzung des lokalen Diskretisierungsfehlers $\tau_\nu^{F^0}(x^*)$ ist natürlich auch eine Schätzung des globalen Diskretisierungsfehlers $\varepsilon_\nu^0 = u_\nu^0 - p_\nu^0 x^* = J_\nu^D \varepsilon_\nu$ möglich, wenn F^0 und $\{F_\nu^0\}$, $\nu \in N$, analoge Voraussetzungen erfüllen wie F und $\{F_\nu\}$.

Satz 4: *Seien die Voraussetzungen von Satz 3 erfüllt und sei $\{d_\nu\}$ die nach* (1.11) *gebildete Folge der Defekte. F^0 sei in x^* Fréchet-differenzierbar und $R(F^{0\prime}(x^*)) = E^0$. Die Abbildungen F_ν^0, $\nu \in N$, seien für ein $\delta > 0$ in den Kugeln $K_\nu^\delta = \{v \in D_\nu^0 \mid ||v - p_\nu^0 x^*|| < \delta\}$ Lipschitz-stetig differenzierbar mit einer von ν unabhängigen Lipschitz-Konstante und es konvergiere $F_\nu^{0\prime}(p_\nu x^*) \to F^{0\prime}(x^*)$ stabil. Dann existiert ein $\nu_2 \in N$, so daß für alle $\nu > \nu_2$ die Gleichungen* (1.9) *sowie die Gleichungen*

$$F_\nu^0(v) = -d_\nu , \qquad v \in \Omega_\nu^0 , \tag{1.15}$$

und

$$F_\nu^0(v) = d_\nu , \qquad v \in \Omega_\nu^0 , \tag{1.16}$$

lösbar sind mit Lösungen $u_\nu^0 = J_\nu^D u_\nu$, v_ν, $\bar{v}_\nu$, die (mindestens mit der Ordnung k) gegen x^* konvergieren. Wird η_ν durch eine der Vorschriften

$$\eta_\nu = F_\nu^{0\prime}(u_\nu)\, d_\nu , \tag{1.17}$$

$$\eta_\nu = u_\nu^0 - v_\nu , \qquad v_\nu \text{ Lösung von (1.15)} , \tag{1.18}$$

$$\eta_\nu = \bar{v}_\nu - u_\nu^0 , \qquad \bar{v}_\nu \text{ Lösung von (1.16)} , \tag{1.19}$$

bestimmt, so gilt mit $r = \min(l, m+k, 2k)$ stets

$$||\eta_\nu - (u_\nu^0 - p_\nu^0 x^*)|| = O(\nu^{-r}) . \tag{1.20}$$

Beweis: Satz 1 läßt sich auf die durch die diskreten Approximationen (1.6), F^0 und $\{F_\nu^0\}$, $\nu \in N$, gegeben Situation anwenden, so daß die Voraussetzungen von Satz 8 in [5] erfüllt sind und die Behauptung folgt.

Während wir bei der Herleitung unserer Sätze von der Folge $\{u_\nu\}$ ausgegangen sind, läßt sich die Situation vom Standpunkt der Anwendungen auch wie folgt interpretieren: Primär betrachten wir die Gleichungen (1.9) und deren Lösungen u_ν^0. Aus dem Umstand, daß $u_\nu^0 = J_\nu^D u_\nu$ ist, gelingt es, eine Schätzung für die Diskretisierungsfehler zu konstruieren.

Wieder ergibt in allen drei Fällen $\bar{u}_\nu^0 = u_\nu^0 - \eta_\nu$, $\nu > \nu_2$, eine Näherung der Ordnung r für x^*. Die so ausgeführte Korrektur läßt sich natürlich auf eine endliche Folge von Räumen D^i und E^i übertragen, wenn diese paarweise zum Index i und $i - 1$ die Voraussetzungen des Satzes 4 erfüllen. Wir erhalten dann die Verfahren der iterierten Defektkorrekturen ([1, 2, 7, 8, 13]).

2. Fehlerschätzung bei der Lösung von Zweipunkt-Randwertaufgaben

Die im ersten Abschnitt entwickelten Beziehungen wenden wir auf die Lösung von Zweipunkt-Randwertaufgaben für Systeme gewöhnlicher Differentialgleichungen an und erhalten so eine Begründung für die weithin erfolgreiche Schätzung des lokalen Diskretisierungsfehlers durch Differenzen der Näherungslösung. Insbesondere können wir hier die Konstruktion simultaner diskreter Approximationen motivieren.

Gegeben sei ein System gewöhnlicher Differentialgleichungen unter linearen Randbedingungen

$$y' = f(t, y) , \qquad y \in R^n , \qquad t \in I = [0, 1] , \qquad C_0\, y(0) + C_1\, y(1) = b . \tag{2.1}$$

Mit $k \in \{1, 2\}$ habe die Randwertaufgabe eine Lösung $y^* \in C^{2k+1}(I)$. f besitze in einer Umgebung des Graphen $\{(t, y^*(t)) \mid t \in I\}$ von y^* in $I \times R^n$ Lipschitz-stetige partielle Ableitungen $2k$-ter Ordnung, und die homogene Randwertaufgabe

$$y' = \frac{\partial f}{\partial y}(t, y^*(t)) \cdot y , \qquad t \in I , \qquad C_0\, y(0) + C_1\, y(1) = 0 \tag{2.2}$$

sei nur trivial lösbar.

Die Norm in $C^j(I)$ wählen wir bei gegebener Norm im R^n als $||y||_{C^j} = \sum_{i=0}^{j} \max_{t \in I} ||y^{(i)}(t)||_{R^n}$ und setzen $D^k = C^k(I)$, $E^k = R^k \times C^{k-1}(I)$ mit $||(a, z)||_{E_k} = ||a||_{R^n} + ||z||_{C^{k-1}(I)}$. Dann wird durch

$$F(y) = \begin{pmatrix} C_0 y(0) + C_1 y(1) - b \\ y' - f(\cdot, y(\cdot)) \end{pmatrix} \tag{2.3}$$

eine im allgemeinen nichtlineare Abbildung aus D^k in E^k erklärt, und die Randwertaufgabe (2.1) ist äquivalent zur Gleichung

$$F(y) = 0\,, \qquad y \in D^k\,. \tag{2.4}$$

Aus den angegebenen Voraussetzungen folgt die Lipschitz-stetige Differenzierbarkeit von F in einer Umgebung von y^* mit

$$F'(y^*) \cdot y = \begin{pmatrix} C_0\, y(0) + C_1\, y(1) \\ y' - \dfrac{\partial f}{\partial y}\big(\cdot\,, y^*(\cdot)\big) \cdot y \end{pmatrix}, \qquad y \in D^k\,, \tag{2.5}$$

und es ist $N\big(F'(y^*)\big) = \{0\}$. Letzteres ist äquivalent zu $R\big(F'(y^*)\big) = E^k$ und zur Invertierbarkeit von $F'(y^*)$.

Wir führen die Lösung von (2.4) auf eine Folge von Differenzengleichungen zurück. Dazu sei $\{I_\nu\}$, $\nu \in N$, eine Folge von Diskretisierungen des Intervalls I:

$$I_\nu = \{t_i^\nu \mid 0 = t_0^\nu < t_1^\nu < \ldots < t_\nu^\nu = 1\}\,, \qquad \nu \in N\,. \tag{2.6}$$

Für die Schrittweiten $h_i^\nu = t_i^\nu - t_{i-1}^\nu$, $1 \leqq i \leqq \nu$, fordern wir

$$\sup \max_{1 \leqq i,j \leqq \nu} \frac{h_i^\nu}{h_j^\nu} < \infty\,, \tag{2.7}$$

dann ist die Konvergenz $\nu \to \infty$ äquivalent zu $h = \max h_i \to 0$. (Wir verzichten auf die Benennung durch ν, wenn der Zusammenhang klar ist.)

Für $\nu \in N$ setzen wir $D_\nu^k = R^{(\nu+1)n}$ mit der Norm

$$||u||_{D_\nu^k} = \sum_{j=0}^{k} \max_i ||\Delta^j u_i||\,, \tag{2.8}$$

wo für $u = (u_0, \ldots, u_\nu) \in R^{(\nu+1)n}$, $u_i \in R^n$, die Differenzen Δ^j durch

$$\Delta^0 u_i = u_i\,, \qquad 0 \leqq i \leqq \nu\,,$$

$$\Delta u_i = \frac{1}{h_i}(u_i - u_{i-1})\,, \qquad 1 \leqq i \leqq \nu\,,$$

$$\Delta^2 u_i = \frac{2}{h_{i+1} + h_i}(\Delta u_{i+1} - \Delta u_i)\,, \qquad 1 \leqq i \leqq \nu - 1$$

definiert sind.

Die Räume $E_\nu^k = R \times R^{\nu \cdot n}$ versehen wir mit den Normen

$$||(a, v)||_{E_\nu^1} = ||a|| + \max_{1 \leqq i \leqq \nu} ||v_i|| \tag{2.9}$$

und

$$||(a, v)||_{E_\nu^2} = ||(a, v)||_{E_\nu^1} + \max_{1 \leqq i \leqq \nu - 1} ||\tilde{\Delta} v_i|| \tag{2.10}$$

für $(a, v) \in E_\nu^k$, $v \in R^{\nu \cdot n}$, und mit den Differenzen

$$\tilde{\Delta} v_i = \frac{2}{h_{i+1} + h_i}(v_{i+1} - v_i)\,, \qquad 1 \leqq i \leqq \nu - 1\,.$$

(Für konstante h_i geht $\tilde{\Delta}$ in Δ über.)

Damit bilden die Räume D_ν^k, E_ν^k, $\nu \in N$, und die Restriktionsabbildungen p_ν und q_ν gemäß

$$\begin{aligned} (p_\nu y)_i &= y(t_i)\,, && 0 \leqq i \leqq \nu\,, \quad y \in D^k\,, \\ \big(q_\nu(a, z)\big)_0 &= a\,, && (a, z) \in E^k\,, \\ \big(q_\nu(a, z)\big)_i &= \tfrac{1}{2}\big(z(t_i) + z(t_{i-1})\big)\,, && 1 \leqq i \leqq \nu\,, \end{aligned} \tag{2.11}$$

diskrete Approximationen zu D^k bzw. E^k. Die p_ν und q_ν sind linear und normkonsistent, für q_ν und $k = 2$ haben wir z. B.

$$||q_\nu(a, z)||_{E_\nu^2} =$$

$$= ||a|| + \max_{1 \leqq i \leqq \nu} \frac{1}{2} ||z(t_i) + z(t_{i-1})|| + \max_{1 \leqq i \leqq \nu - 1} \Big|\Big| \frac{1}{h_i + h_{i+1}} \big(z(t_{i+1}) - z(t_{i-1})\big) \Big|\Big| \to ||(a, z)||_{E^2}\,.$$

Diskrete Abbildungen F_ν aus D_ν^k in E_ν^k definieren wir nach der Trapezformel:

$$\begin{aligned} \big(F_\nu(u)\big)_0 &= C_0 u_0 + C_1 u_\nu - b\,, \\ \big(F_\nu(u)\big)_i &= \Delta u_i - \tfrac{1}{2}\big(f(t_i, u_i) + f(t_{i-1}, u_{i-1})\big)\,, \qquad 1 \leqq i \leqq \nu\,. \end{aligned} \tag{2.12}$$

Gemeinsam mit der analog zu behandelnden Mittelpunktsregel werden damit die zur Lösung von Randwertaufgaben für Systeme gewöhnlicher Differentialgleichungen wesentlichen Differenzenverfahren mit geringer Block-Bandbreite der diskreten Gleichungssysteme erfaßt, man vergleiche mit KELLER [3] und LENTINI, PEREYRA [4].

Auf Grund der geforderten Differenzierbarkeitseigenschaften von f existieren in Kugeln von einem festen Radius δ um $p_\nu y^*$ die Ableitungen $F'_\nu(u)$ und sind dort (gleichmäßig bezüglich ν) Lipschitz-stetig. Die $F'_\nu(p_\nu y^*)$ sind wegen $||F'_\nu(p_\nu y^*)|| \leqq ||C_0|| + ||C_1|| + ||\frac{\partial f}{\partial y}(\cdot, y^*(\cdot))||_{C^{k-1}(I)} + 1$ gleichmäßig beschränkt. Außerdem gilt für jedes $y \in D^k$

$$||F'_\nu(p_\nu y^*)\, p_\nu y - q_\nu F'(y^*)\, y|| \to 0\,, \tag{2.13}$$

für $k = 2$ ist dies mit

$$||F'_\nu(p_\nu y^*)\, p_\nu y - q_\nu F'(y^*)\, y|| =$$

$$= \max_{1\leqq i\leqq \nu} ||\Delta y(t_i) - \frac{1}{2}\big(y'(t_i)+y'(t_{i-1})\big)|| + \max_{1\leqq i\leqq \nu-1} ||\Delta^2 y(t_i) - \frac{1}{h_i+h_{i+1}}\big(y'(t_{i+1}) - y'(t_{i-1})\big)||$$

unmittelbar ersichtlich. Nach Satz 1 in [5] konvergieren die $F'_\nu(p_\nu y^*)$ gegen $F'(y^*)$. Die Stabilität dieser Konvergenz ergibt sich aus einer Übertragung der Beweisführung in [3] unter Berücksichtigung der höheren Differenzen in den Normdefinitionen.

Für den lokalen Diskretisierungsfehler in y^* liefert die Taylor-Reihe die Entwicklung

$$\tau_\nu^F(y^*) = \sum_{j=1}^{k} \frac{-j}{2^{2j-1}\,(2j+1)!}\, h_i^{2j}\, y^{*(2j+1)}\left(t_i - \frac{1}{2}h_i\right) + O(h_i^{2k+2})\,, \qquad 1 \leqq i \leqq \nu\,. \tag{2.14}$$

Bei konstanten Schrittweiten $\left(\text{d. h. } h_i^\nu = \frac{1}{\nu}\right)$ oder $k = 1$ ist somit

$$||\tau_\nu^F(y^*)|| = O(h^2)\,. \tag{2.15}$$

Anderenfalls haben wir dagegen

$$||\tau_\nu^F(y^*)||_{E_\nu^2} = O(h^2) + O(\max_{2\leqq i\leqq \nu} |h_i - h_{i-1}|)||\, y^{*(3)}||_{C^0(I)}\,, \tag{2.16}$$

also im allgemeinen nur $||\tau_\nu^F(y)||_{E_\nu^2} = O(h)$. Fordern wir asymptotisch konstante Schrittweiten, d. h. $h_i/h_{i-1} = 1 + o(1)$, gilt immerhin noch

$$||\tau_\nu^F(y^*)||_{E_\nu^2} = o(h)\,. \tag{2.17}$$

Wir haben damit alle Voraussetzungen von Satz 1 nachgewiesen, so daß die diskreten Gleichungen

$$F_\nu(u) = 0\,, \qquad u \in D_\nu^k\,, \tag{2.18}$$

für genügend große ν lösbar sind und die Lösungen u_ν in der Ordnung des lokalen Diskretisierungsfehlers gegen y^* konvergieren. Dieses Resultat läßt sich natürlich auf höhere k und die zugehörigen Differenzennormen erweitern und entspricht dann (bei konstanten Schrittweiten) der Existenz asymptotischer Entwicklungen für den globalen Diskretisierungsfehler (Stetter [11, 12]).

Wenden wir uns jetzt der Schätzung der Diskretisierungsfehler zu. Dabei ist es wichtig, ε_ν oder $\tau_\nu^F(y^*)$ als Funktion der t_i zu bestimmen, denn unter dem Gesichtspunkt der Erzeugung ökonomischer Diskretisierungen ist eine gleichmäßige Verteilung der Fehler anzustreben (siehe z. B. Pereyra, Sewell [9], Russell, Christiansen [10]).

Mit Hilfe der Integrationsformeln für Newton-Interpolationspolynome dritten Grades bestimmen wir Vergleichsabbildungen G_ν, $\nu \in N$, wobei in der Notation von vornherein höchstens Symbole zweiter Differenzen benutzt werden:

$$G_\nu = F_\nu + H_\nu\,, \qquad \nu \in N\,, \tag{2.19}$$

mit

$$\begin{aligned}
(H_\nu(u))_0 &= 0\,,\\
(H_\nu(u))_1 &= -\gamma_1 \Delta^2 f(t_1, u_1) - \delta_1\big(\Delta^2 f(t_2, u_2) - \Delta^2 f(t_1, u_1)\big)/(h_1 + h_2 + h_3)\,,\\
(H_\nu(u))_i &= -\gamma_i \Delta^2 f(t_i, u_i) - \delta_i\big(\Delta^2 f(t_i, u_i) - \Delta^2 f(t_{i-1}, u_{i-1})\big)/(h_{i-1} + h_i + h_{i+1})\,,\ 2 \leqq i \leqq \nu - 1\,,\\
(H_\nu(u))_\nu &= -\gamma_\nu \Delta^2 f(t_{\nu-1}, u_{\nu-1}) - \delta_\nu\big(\Delta^2 f(t_{\nu-1}, u_{\nu-1}) - \Delta^2 f(t_{\nu-2}, u_{\nu-2})\big)/(h_{\nu-2} + h_{\nu-1} + h_\nu)\,.
\end{aligned} \tag{2.20}$$

Die Koeffizienten ergeben sich dann zu

$$\begin{aligned}
\gamma_i &= \frac{1}{2h_i}\int_{t_{i-1}}^{t_i} (s - t_i)\,(s - t_{i-1})\, ds\,, && 1 \leqq i \leqq \nu\,,\\
\delta_i &= \frac{1}{2h_i}\int_{t_{i-1}}^{t_i} (s - t_i)(s - t_{i-1})\,(s - t_{i+1})\, ds\,, && 1 \leqq i \leqq \nu - 1\,,\\
\delta_\nu &= \frac{1}{2h_\nu}\int_{t_{\nu-1}}^{t_\nu} (s - t_\nu)\,(s - t_{\nu-1})\,(s - t_{\nu-2})\, ds\,,
\end{aligned} \tag{2.21}$$

und es gilt $\sup_{1\leqq i\leqq \nu} |\gamma_i| = O(h^2)$, $\sup_{1\leqq i\leqq \nu} |\delta_i| = O(h^3)$.

Ist $y^* \in C^5(I)$, so haben wir

$$||\tau_\nu^G(y^*)||_{E_\nu^1} = O(h^4)\,, \tag{2.22}$$

können also für große ν von der Relation $||\tau_\nu^G(y^*)||_{E_\nu^1} \ll ||\tau_\nu^F(y^*)||_{E_\nu^k}$ ausgehen. Werden F_ν und G_ν als Abbildungen aus D_ν^1 in E_ν^1 aufgefaßt, so folgt aus der Definition der G_ν, indem dort die zweiten Differenzen auf die ersten zurückgeführt werden,

$$||F_\nu'(p_\nu y^*) - G_\nu'(p_\nu y^*)||_{D_\nu^1 \to E_\nu^1} = O(h)\,. \tag{2.23}$$

Betrachten wir hingegen F_ν und G_ν im Fall $k = 2$ als Abbildungen aus D_ν^2 in E_ν^1, so liefert die Definition der G_ν unmittelbar

$$||F_\nu'(p_\nu y^*) - G_\nu'(p_\nu y^*)||_{D_\nu^2 \to E_\nu^1} = O(h^2)\,. \tag{2.24}$$

Nach diesen Vorbereitungen können wir auf die Ergebnisse aus [5] und Abschnitt 1 zurückgreifen, es sei mit den Lösungen u_ν der diskreten Gleichungen (2.18)

$$d_\nu = G_\nu(u_\nu)\,, \qquad \nu > \nu_1\,. \tag{2.25}$$

Satz 5: *Die Lösung y^* der Randwertaufgabe* (2.1) *liege in $C^5(I)$. Dann ist*

$$||d_\nu + \tau_\nu^F(y^*)||_{E_\nu^1} = O(h^3)\,. \tag{2.26}$$

Für $k = 2$ und konstante Schrittweiten gilt

$$||d_\nu + \tau_\nu^F(y^*)||_{E_\nu^1} = O(h^4)\,. \tag{2.27}$$

Sind $k = 2$ und die Schrittweiten asymptotisch konstant, gilt noch

$$||d_\nu + \tau_\nu^F(y^*)||_{E_\nu^1} = o(h^3)\,. \tag{2.28}$$

$u_\nu - p_\nu y^*$ ist in D_ν^1 jeweils bis auf Fehler gleicher Größenordnung durch $F_\nu'(u_\nu)^{-1}\, d_\nu$ gegeben.

Beweis: (2.26) folgt aus Satz 7 in [5] oder indem wir in Satz 3 die diskreten Approximationen (1.2) und (1.6) identifizieren, entsprechend $F = F^0$, $F_\nu = F_\nu^0$, $\nu \in N$, usw. setzen und (2.23) berücksichtigen. Die Beziehung (2.27) erhalten wir aus Satz 3, wenn wir dort die Approximationen (1.2) durch $(D^2, \Pi D_\nu^2, P)$, $(E^2, \Pi E_\nu^2, Q)$, die Approximationen (1.6) durch $(D^1, \Pi D_\nu^1, P)$, $(E^1, \Pi E_\nu^1, Q)$ ersetzen und die diskreten Abbildungen und Einbettungsoperatoren entsprechend zuordnen. (2.24) ist die zugehörige Abschätzung zur Konvergenz der Fréchet-Ableitungen. Die Beziehung (2.28) ist unter Berücksichtigung von (2.24) und der gegebenen Konsistenz durch die Wiederholung des Beweises von Satz 3 für die geänderte Konsistenzordnung herzuleiten, und Satz 4 liefert die Aussage zur Schätzung des globalen Diskretisierungsfehlers.

Die in Satz 5 zusammengefaßten Aussagen werden normalerweise über die asymptotischen Entwicklungen für globale Diskretisierungsfehler bewiesen (Pereyra [7, 8], Frank und Ueberhuber [2]). Wir haben hier zusätzlich gezeigt, daß die Fehlerkontrolle durch Defektberechnung auch im Fall allgemeiner Schrittweitenfolgen begründet ist, wie sie in der Regel von Programmen zur Lösung solcher Aufgaben erzeugt werden.

Wegen (2.23) konvergieren die $G_\nu'(p_\nu y^*)$ ebenfalls stabil gegen $F'(y^*)$, also existieren nach Satz 1 bei genügend großem ν auch Lösungen v_ν für die Gleichungen

$$G_\nu(u) = 0\,, \qquad u \in D_\nu^1\,, \tag{2.29}$$

die ebenfalls (aber mit der Ordnung 4, wenn $y^* \in C^5(I)$ ist) gegen y^* konvergieren. Zur Lösung der Gleichungen (2.29) können wir die Iteration

$$u_\nu^0 \text{ Lösung von (2.18)}\,, \tag{2.30}$$
$$u_\nu^{i+1} = u_\nu^i - F_\nu'(u_\nu^i)^{-1}\, G_\nu(u_\nu^i)\,, \qquad i \geqq 0\,,$$

benutzen und erhalten aus Satz 10 in [5] für die nach (2.30) erzeugte Folge die Konvergenzabschätzung

$$||u_\nu^i - v_\nu||_{D_\nu^1} \leqq \alpha_\nu^i ||u_\nu^0 - v_\nu||_{D_\nu^1}\,, \qquad \alpha_\nu = O(h)\,. \tag{2.31}$$

Natürlich läßt sich für die Lösungen v_ν von (2.29) unter geeigneten Differenzierbarkeitsvoraussetzungen die gleiche Fehlerbestimmung durch Defektberechnung anwenden, indem man Vergleichsoperatoren $\tilde{G}_\nu$ höherer Genauigkeit konstruiert.

Eine Alternative zum hier beschriebenen Vorgehen besteht in der Verwendung eines Differenzenoperators höherer Konsistenz zur Aproximation von y'. Diese Konstruktion, die zum Beispiel in Frank und Ueberhuber [2] und Stetter [13] begründet wird, ist einem Interpolationsansatz äquivalent, wie er in [5] nach Satz 8 beschrieben wurde.

Literatur

1 Frank, R.; Hertling, J.; Ueberhuber, Ch. W., An extension of the applicability of iterated deferred corrections, Math. Comput **31**, 907–915 (1977).

2 Frank, R.; Ueberhuber, Ch. W., Iterated defect correction for differential equations, Computing **20**, 207–228 (1978).

3 Keller, H. B., Accurate difference methods for nonlinear two-point boundary value problems, SIAM J. Numer. Analysis **11**, 305–320 (1974).

4 Lentini, M.; Pereyra, V., An adaptive finite difference solver for nonlinear two-point boundary problems with mild boundary layers, SIAM J. Numer. Analysis **14**, 91—111 (1977).
5 Lippold, G., Diskretisierungsfehler und Defektkorrekturen bei der Lösung von Gleichungen in Banach-Räumen, ZAMM **60**, 459—468 (1980).
6 Lippold, G., Diskretisierungsfehler und Defektkorrekturen in Verfahren zur Lösung von Randwertaufgaben für gewöhnliche Differentialgleichungen, in: Tagungsbericht Numer. Behandlung gewöhnlicher Differentialgleichungen, Seminarbericht Nr. 11, Sekt. Math. Humboldt-Univ. Berlin 1978.
7 Pereyra, V., On improving an approximate solution of a functional equation by deferred corrections, Numer. Math. **8**, 376—391 (1966).
8 Pereyra, V., Iterated deferred corrections for nonlinear operator equations, Numer. Math. **10**, 316—323 (1967).
9 Pereyra, V.; Sewell, E. G., Mesh selection for discrete solution of boundary value problems in ordinary differential equations, Numer. Math. **23**, 261—268 (1975).
10 Russell, R. D.; Christiansen, J., Adaptive mesh selection strategies for solving boundary value problems, SIAM J. Numer. Analysis **15**, 59—80 (1978).
11 Stetter, H. J., Asymptotic expansions for the error of discretization algorithms for nonlinear functional equations, Numer. Math. **7**, 18—31 (1965).
12 Stetter, H. J., Analysis of Discretization Methods for Ordinary Differential Equations, Berlin-Heidelberg-New York 1977.
13 Stetter, H. J., The defect correction principle and discretization methods, Numer. Math. **29**, 425—443 (1978).
14 Vainikko, G., Funktionalanalysis der Diskretisierungsmethoden, Leipzig 1976.
15 Vainikko, G., Approximative methods for nonlinear equations, Nonlin. Analysis, Theory, Meth. Appl. **2**, 647—687 (1978).

Eingereicht: 13. 8. 1980

Anschrift: Dr. Günter Lippold, Zentrum für Rechentechnik, Akademie der Wissenschaften der DDR, Rudower Chaussee 5, DDR-1199 Berlin-Adlershof

ZAMM 61, 495–500 (1981)

M. A. JIMÉNEZ POZO

Convergence of Sequences of Linear Functionals

The aim of this paper is to complete the theory of some qualitative and quantitative theorems of Korovkin's type in spaces of continuous functions when the limit linear functional (or operator) is not the identity and the considered linear functionals (or operators) are not necessarily positive.

Mit dem vorliegenden Aufsatz wird das Ziel verfolgt, das Studium gewisser qualitativer und quantitativer Sätze vom Korovkin-Typ in Räumen stetiger Funktionen zu vervollständigen, wobei das lineare Grenzfunktional (oder -operator) nicht die Identität ist und die betrachteten Funktionale (oder Operatoren) nicht notwendig positiv sind.

В представленной работе ставится цель дополнения теории некоторых качественных и количественных теорем типа Коровкина в пространствах непрерывных функций, где линейный предельный функционал (или соответствующий оператор) отличается от тождества и рассмотренные функционалы (или операторы) являются не обязательно положительными.

1. Introduction

Let E and E' be normed spaces, T and L_n, $n = 1, 2, \ldots$, linear operators from E to E'. A *quantitative theorem of* KOROVKIN*'s type* is an inequality

$$\|L_nf - Tf\|_{E'} \leqq \mathfrak{F}(\|L_ng - Tg\|_{E'}); \qquad g \in G \subset E$$

which is true for every $f \in E$ and where $\mathfrak{F}$ is a function that usually depends on other parameters related to f, (L_n) and T. Often the sequence (L_n) belongs to a given class $\mathfrak{M}$ and T is the identity operator.

Sometimes, it is deduced that $\|L_nf - Tf\|_{E'} \underset{n}{\to} 0$ for every $f \in E$, provided $\|L_ng - Tg\|_{E'} \underset{n}{\to} 0$ for every $g \in G$. This is a qualitative theorem of KOROVKIN's type. The set G is called KOROVKIN*'s system* when it is finite. Qualitative theorems ought to be obtained from quantitative ones when they exist.

It seems that first quantitative theorems of this kind were given by SHISHA and MOND [1], [2]. They are based on earlier qualitative results of P. P. KOROVKIN [3]. At present, there are more than one hundred important papers in this field. For some references cf. e.g. [4]—[9]. However, there are only a few results if T is not the identity.

Let us denote by $C(X)$ the BANACH space of continuous functions on a compact HAUSDORFF space X, with the sup norm. If L is a linear endomorphism of $C(X)$, and $x \in X$, it is possible to construct a linear functional L_x by $L_xf = (Lf)(x)$ for every $f \in C(X)$. Then, if (L_n) and T are linear endomorphisms of $C(X)$, we may study the strong convergence of (L_n) to T by means of the weak convergence (of (L_{nx}) to T_x, if x varies on X). Because of this remark, we deal with $E \subset C(X)$ and $E' = \mathbb{R}$ in this paper, i.e. convergence of sequences of linear functionals.

Definition 1: A linear functional T on $C(X)$, is *of the class* $\mathfrak{M}_p = \mathfrak{M}_p(X)$, if there exist different points $x_1, x_2, \ldots, x_k \in X$ and nonzero scalars $a_1, a_2, \ldots, a_k$, where $k \leqq p$, such that, for every $f \in C(X)$

$$Tf = \sum_{1 \leqq i \leqq k} a_i f(x_i) . \tag{1}$$

That is, if T admits the representing measure $\sum_{1 \leqq i \leqq k} a_i \delta_{x_i}$, where δ_x is DIRAC's probability on $\{x\}$. The functional T is in $\mathfrak{M}_p^+$ if $a_i > 0$ for all $i = 1, \ldots, k$.

Example: The BERNSTEIN operator on $C[0, 1]$

$$B_nf = \sum_{0 \leqq j \leqq n} \frac{n!}{j!(n-j)!} f\left(\frac{j}{n}\right) x^j (1-x)^{n-j}$$

defines linear functionals B_{nx} in $\mathfrak{M}_p^+[0, 1]$ for each $x \in [0, 1]$ if $p \geqq n + 1$.

MICCHELLI [10] (cf. also [11]), has proved that a TCHEBYSHEV system on [0, 1] is a KOROVKIN system related to the class of positive functionals on $C[0, 1]$ and the limit functional T, if and only if $T \in \mathfrak{M}_p^+$ and p is not greater than a certain function of the TCHEBYSHEV space dimension. Further, we have proved a qualitative theorem on $C(X)$ for (L_n) arbitrary and $T \in \mathfrak{M}_p^+(X)$ (cf. [12]).

In this paper we will give corresponding quantitative theorems which generalize many results in this way. The estimation of $|Lf - Tf|$, where L is a linear functional and $T \in \mathfrak{M}_p^+(X)$, is also important in order to estimate the error in quadrature formulas. Here, Lf is taken as the unknown integral of f and Tf is the approximative formula. Finally, we will give a general qualitative theorem on $C(X)$ for (L_n) arbitrary and $T \in \mathfrak{M}_p(X)$.

Test family

Let (X, d) be a compact metric space and Z a nonempty subset of X.

Definition 2: Any family $(f_z)_{z \in Z}$ in $C(X)$ is said to be a *test family* on Z if it satisfies the following conditions:

$$f_z(z) = 0 \quad \text{for each} \quad z \in Z , \tag{2}$$

$$\sup \{\|f_z\|, z \in Z\} = K < \infty . \tag{3}$$

There exists a function $\varphi\colon \mathbb{R}_+^* \to \mathbb{R}_+^*$ such that $f_z(x) \geqq \varphi(\alpha)$ whenever $x \in X$, $z \in Z$ and $\mathrm{d}(x, z) \geqq \alpha > 0$. (4)

This definition was introduced by the author in a weaker form ([13]). One of the most important examples arises from

$$f_z(x) = d(x, z)^2 , \qquad \varphi(\alpha) = \alpha^2 . \tag{5}$$

Quantitative theorems

We will use the modulus of continuity

$$\omega(f, Z, \alpha) = \sup \{|f(x) - f(z)| ; x \in X, z \in Z, d(x, z) \leqq \alpha\} \tag{6}$$

for each $\alpha > 0$, and $f \in C(X)$. Also, there exists

$$\omega(f, Z, 0) = \lim_{\alpha \to 0} \omega(f, Z, \alpha) . \tag{7}$$

Theorem 1: *Let E be a linear subspace of $C(X)$, which contains the constant functions. Let L be a continuous linear functional on E and $T = \sum_{1 \leqq i \leqq k} a_i \delta_{x_i} \in \mathfrak{M}_p^+$. If $(f_{x_i})_{1 \leqq i \leqq k}$ is a test family on $Z = \{x_1, \ldots, x_k\}$ then assume that the $k + 1$ generalized polynomials*

$$\prod_{1 \leqq i \leqq k} f_{x_i}; \qquad \prod_{\substack{1 \leqq j \leqq k \\ i \neq j}} f_{x_j} , \qquad 1 \leqq i \leqq k \tag{8}$$

belong to E. Then, for every $f \in E$ and $\alpha > 0$ we have

$$|Lf - Tf| \leqq \frac{||f|| + ||q||}{\varphi(\alpha)^k} L\Big(\prod_{1 \leqq i \leqq k} f_{x_i}\Big) + [\omega(f, \alpha) + \omega(q, \alpha)] L1 + |Lq - Tq| +$$
$$+ \left(\frac{||f|| + ||q||}{\varphi(\alpha)^k} \Big\|\prod_{1 \leqq i \leqq k} f_{x_i}\Big\| + \omega(f, \alpha) + \omega(q, \alpha) + ||f - q||\right) \frac{||L|| - L1}{2} \tag{9}$$

where φ is a function associated with the test family, $\omega(., \alpha) = \omega(., Z, \alpha)$, and

$$q = \sum_{1 \leqq i \leqq k} q_i , \tag{10}$$

$$q_i = f(x_1) , \quad \text{if} \quad k = 1; \qquad f(x_i) \Big(\prod_{\substack{1 \leqq j \leqq k \\ i \neq j}} f_{x_j}(x_i)\Big)^{-1} \prod_{\substack{1 \leqq j \leqq k \\ i \neq j}} f_{x_j} , \quad \text{if} \quad k > 1 . \tag{11}$$

Proof: Fix $f \in E$ and $\alpha > 0$. Note that q is a generalized Lagrange polynomial which interpolates the function f in the points x_i, $1 \leqq i \leqq k$. Construct the functions

$$h = -\frac{||f|| + ||q||}{\varphi(\alpha)^k} \prod_{1 \leqq i \leqq k} f_{x_i} + q - \omega(f, \alpha) - \omega(q, \alpha) , \tag{12}$$

$$g = \frac{||f|| + ||q||}{\varphi(\alpha)^k} \prod_{1 \leqq i \leqq k} f_{x_i} + q + \omega(f, \alpha) + \omega(q, \alpha) . \tag{13}$$

Since the generalized polynomials (8) are in E, these functions also belong to E. One must prove that

$$h \leqq f \leqq g . \tag{14}$$

If $x \in X$ is such that $d(x, x_j) \leqq \alpha$ for some j, then

$$\frac{||f|| + ||q||}{\varphi(\alpha)^k} \prod_{1 \leqq i \leqq k} f_{x_i}(x) \geqq 0 ,$$

$$q(x) \geqq f(x_j) - \omega(q, \alpha) \geqq f(x) - \omega(f, \alpha) - \omega(q, \alpha)$$

and it follows that $g(x) \geqq f(x)$.

If $d(x, x_i) > \alpha$ for all i ($1 \leqq i \leqq k$), then $f_{x_i}(x) \geqq \varphi(\alpha)$ for all i and

$$g(x) \geqq (||f|| + ||q||) + q(x) + \omega(f, \alpha) + \omega(q, \alpha) \geqq f(x) .$$

By a similar procedure one may prove that $h \leqq f$.

Define

$$M = \frac{||f|| + ||q||}{\varphi(\alpha)^k} \Big\|\prod_{1 \leqq i \leqq k} f_{x_i}\Big\| + \omega(f, \alpha) + \omega(q, \alpha) + ||f - q|| . \tag{15}$$

It follows from (12)—(14) that

$$||g - f|| \leqq M; \qquad ||f - h|| \leqq M . \tag{16}$$

Using a representing measure for L and its Jordan decomposition, it easily follows that

$$Lu + ||u|| \frac{||L|| - L1}{2} \geqq 0 , \quad \text{for every} \quad u \in E , \qquad u \geqq 0 .$$

Then, from (14) we have

$$Lh - M\frac{||L|| - L1}{2} \leqq Lf \leqq Lg + M\frac{||L|| - L1}{2}$$

and by substituting the expressions for h and g we obtain

$$|Lf - Lq| \leqq \frac{||f|| + ||q||}{\varphi(\alpha)^k} L\Big(\prod_{1\leqq i\leqq k} f_{x_i}\Big) + [\omega(f,\alpha) + \omega(q,\alpha)]\, L1 + M\frac{||L|| - L1}{2}. \tag{17}$$

Since q interpolates f at the points x_i, $1 \leqq i \leqq k$,

$$|Lf - Tf| = |Lf - Tq| \leqq |Lf - Lq| + |Lq - Tq|. \tag{18}$$

From (17) and (18) the inequality (9) is obtained.

Remarks:

If $k = 1$ and $a_1 = 1$, then $Tf = f(x)$ for some fixed $x \in X$ and we are in the original situation of this theory. Note that since $q = q_1 = f(x)$ then $\omega(q, \alpha) = 0$ and $||f|| + ||q|| \leqq 2||f||$. Thus the results in [8] follow for the real case.

If, in addition, L is a positive functional, then $||L|| - L1 = 0$, and we obtain our earlier results [13].

Theorem 1 gives a necessary and sufficient condition for weak convergence on $C(X)$. In fact, let (L_n) be an "arbitrary" sequence of linear functionals on $C(X)$ and $T = \sum_{1\leqq i\leqq k} a_i \delta_{x_i} \in \mathfrak{M}_p^+$. Assume $L_n g \underset{n}{\to} g$ for all g defined in (8) and for $g = 1$. Let f be a function in $C(X)$ and E the linear space spanned by f, the constant functions and the generalized polynomials g in (8). The restriction of L_n to E is continuous with norm M_n for each n. Then $L_n f \underset{n}{\to} Tf$ if and only if $M_n \underset{n}{\to} \sum_{1\leqq i\leqq k} a_i$. In particular, the last condition follows from $L_n 1 \underset{n}{\to} T1$ if $L_n \geqq 0$.

It is possible to prove a similar theorem for complex spaces. One needs only to use the same technique as developed in [8].

Special metric spaces

In order to obtain a more exact estimate of the degree of convergence one needs the inequality

$$\omega(f, \lambda\alpha) \leqq [\![\lambda + 1]\!]\, \omega(f, \alpha); \qquad \lambda > 0, \qquad \alpha > 0, \tag{19}$$

where $[\![\cdot]\!]$ denotes the integer part. Inequality (19) holds if X is a convex subset of the euclidean space $\mathbb{R}^m$. In order to omit this algebraic property in general metric spaces it is often alternatively assumed that (X, d) is convex in the metric. This means, that if $x, y \in X$ and $\mathrm{d}(x, y) = a + b$, where $a > 0$ and $b > 0$, then there exists a $z \in X$ such that $\mathrm{d}(x, y) = a$ and $\mathrm{d}(z, y) = b$. If (X, d) is convex in the metric then (19) also holds. We have given the following generalization in [14].

Let (X, d) be a metric space. Consider the natural generalization of a rectifiable arc Γ in (X, d) and its length $l(\Gamma)$. We will say that (X, d) *has a coefficient of convex deformation* ϱ, if for every $x, y \in X$, there exist rectifiable arcs Γ_{xy} with extreme points x and y and if

$$\sup_{x\neq y}\ \inf_{\Gamma_{xy}} \frac{l(\Gamma_{xy})}{\mathrm{d}(x, y)} = \varrho < \infty. \tag{20}$$

It is proved in [14] that:

Theorem 2: *If (X, d) is compact, then $\varrho = 1$ if and only if X is convex in the metric.*

Theorem 3: *If (X, d) has a coefficient of convex deformation ϱ and f is a bounded real function on X then*

$$\omega(f, X, \lambda\alpha) \leqq [\![\varrho\lambda + 1]\!]\, \omega(f, X, \alpha); \lambda > 0, \qquad \alpha > 0. \tag{21}$$

Combining theorem 2 and inequality (21) we obtain a clear generalization of (19).

It will be convenient to state a lemma with respect to our purpose of improving the estimate of the degree of convergence.

Lemma: *Let $G = \{f_1, \dots, f_s\}$ be a finite set of continuous real functions on a compact metric space (X, d). Suppose G separates points on X. Let*

$$d_G^2(x, y) = \sum_{1\leqq i\leqq s} (f_i(x) - f_i(y))^2 \tag{22}$$

be defined on $X \times X$. Then d_G is a distance on X which defines the same underlying topological space associated with (X, d). In particular $C(X, d) = C(X, d_G)$.

It is a straightforward task to prove that (X, d_G) has a coefficient of convex deformation ϱ if and only if the same if true for $\{(f_i(x)); x \in X, f_i \in G\}$ in the s-dimensional euclidean space.

Theorem 4: *Let (X, d) be a compact metric space and $G = \{f_1, \dots, f_s\}$ a finite set of continuous real functions which separates points in X. Let E be a linear subspace of $C(X)$, which contains the functions $\{1, f, \dots, f_1^j, \dots, f_s^{2p}\}$. We* *will also suppose that* (X, d_G) *has a coefficient of convex deformation* ϱ. *Then, for each sequence* (L_n) *of continuous linear functionals on* E, $T = \sum_{1\leq i\leq k} a_i \delta_{x_i} \in \mathfrak{M}_p^+$, *and* $f \in E$ *we have*

$$|L_n f - Tf| \leqq [\omega(f, \mu_n) + \omega(q, \mu_n)] [L_n 1 + \varrho(1 + \|\prod_{1\leq i\leq k} f_{x_i}\|)] + |L_n q - Tq| +$$
$$+ [\omega(f, \mu_n) + \omega(q, \mu_n) + \|f - q\|] \frac{\|L_n\| - L_n 1}{2} \tag{23}$$

where

$$f_{x_i} = d_G^2(x_i, \cdot) = \sum_{1\leq j\leq s} (f_j(x_i) - f_j)^2, \qquad 1 \leqq i \leqq k, \tag{24}$$

$$\mu_n^{2k} = \sup \left\{ \left| L_n \left(\prod_{1\leq i\leq k} f_{x_i} \right) \right|, \frac{\|L_n\| - L_n 1}{2} \right\}; \tag{25}$$

q *is defined by* (10) *and* ω *is taken from the whole space* (X, d_G).

Proof: Consider the metric space (X, d_G) and the test family defined in (24) with $\varphi(\alpha) = \alpha^2$. Let $f \in E$ and $\alpha > 0$ be fixed. Construct the functions

$$h = -\varrho \frac{\omega(f, \alpha) + \omega(q, \alpha)}{\alpha^{2k}} \prod_{1\leq i\leq k} f_{x_i} + q - \omega(f, \alpha) - \omega(q, \alpha), \tag{26}$$

$$g = \varrho \frac{\omega(f, \alpha) + \omega(q, \alpha)}{\alpha^{2k}} \prod_{1\leq i\leq k} f_{x_i} + q + \omega(f, \alpha) + \omega(q, \alpha). \tag{27}$$

One must prove the inequality

$$h \leqq f \leqq g. \tag{28}$$

We can prove $g(x) \geqq f(x)$ if $d_G(x, x_j) \leqq \alpha$ for some j as in theorem 1. If $d_G(x, x_i) > \alpha$ for all i $(1 \leqq i \leqq k)$, let x_j be such that

$$d_G(x, x_j) = \min \{d_G(x, x_i); 1 \leqq i \leqq k\} = \lambda\alpha, \qquad \lambda > 1.$$

Since q interpolates f at points x_i, $1 \leqq i \leqq k$, and using theorem 3 we find

$$|f(x) - q(x)| \leqq |f(x) - f(x_j)| + |q(x_j) - q(x)| \leqq \omega(f, \lambda\alpha) + \omega(q, \lambda\alpha) \leqq$$
$$\leqq (\varrho\lambda + 1) [\omega(f, \alpha) + \omega(q, \alpha)]. \tag{29}$$

Moreover, $f_{x_i}(x) \geqq d_G^2(x_j, x) = \lambda^2\alpha^2$, $1 \leqq i \leqq k$. Then, from the construction of g results

$$g(x) \geqq \lambda^{2k}\varrho[\omega(f, \alpha) + \omega(q, \alpha)] + q(x) + \omega(f, \alpha) + \omega(q, \alpha) \tag{30}$$

and from (29) and (30) it follows that $g(x) \geqq f(x)$. By a similar argument we prove $h \leqq f$ and then (28) holds.

Now, proceeding in the same way as in theorem 1 we arrive at

$$|L_n f - Tf| \leqq \varrho \frac{\omega(f, \alpha) + \omega(q, \alpha)}{\alpha^{2k}} \left| L_n \left(\prod_{1\leq i\leq k} f_{x_i} \right) \right| + [\omega(f, \alpha) + \omega(q, \alpha)] L_n 1 +$$
$$+ |L_n q - Tq| + \varrho \frac{\omega(f, \alpha) + \omega(q, \alpha)}{\alpha^{2k}} \left\| \prod_{1\leq i\leq k} f_{x_i} \right\| \frac{\|L_n\| - L_n 1}{2} + \tag{31}$$
$$+ [\omega(f, \alpha) + \omega(q, \alpha) + \|f - q\|] \frac{\|L_n\| - L_n 1}{2}.$$

If $\mu_n > 0$ in (25) we can take $\alpha = \mu_n$ and (23) follows from (31). If $\mu_n = 0$ in (25), this implies that there are some zero terms in the right hand sides of (23) and (31). But (31) holds for every $\alpha > 0$ and when α tends to zero we obtain

$$|L_n f - Tf| \leqq [\omega(f, 0) + \omega(q, 0)] L_n 1 + |L_n q - Tq| = |L_n q - Tq|.$$

Then (23) also holds.

Remarks:

It is a common technique in the proof of theorems of KOROVKIN's type to introduce a new metric (cf. e.g. [13] and [15]).

In some cases it is convenient to introduce a multiplicative constant in (25). This is an idea due to MOND [16].

Expression (24) enables one to estimate μ_n from the convergence of the test functions $\{1, f_1, \ldots, f_i^j, \ldots, f_s^{2p}\}$ and $\|L_n\|$, for arbitrary points x_i, $1 \leqq i \leqq k$. The most simple example arises when $X = [0, 1]$, $Tf = f(x)$, $L_n \geqq 0$, $f_i = f_1 = x$. Then the test functions are 1, x, x^2; $\varrho = 1$, and the already classical theorem of SHISHA and MOND follows from theorem 4. Indeed, our theorem in [14] which generalizes the quantitative theorem of SHISHA and MOND, CENSOR and others, follows from theorem 4.

Qualitative theorems

Some qualitative theorems follow as corollaries of theorems 1 and 4, but the general case when T is not necessarily positive and X is not necessarily metrizable is not included. We will refine the method of [12] in order to prove such a theorem.

Theorem 5: *Let be* $T = \sum_{1 \leqq i \leqq k} a_i \delta_{x_i} \in \mathfrak{M}_p(X)$, *where* X *is a compact* Hausdorff *space. Let* (L_n) *be a sequence of arbitrary linear functionals on the space* E *spanned by a function* $f \in C(X)$ *and the following functions*

$$f_i, \quad \text{where} \quad f_i(x_j) = 0 \quad \text{if} \quad i \neq j; \qquad f_i(x_i) \neq 0; \qquad 1 \leqq i \leqq k; \tag{32}$$

$$f_{k+1}, \quad \text{where} \quad f_{k+1}(x_i) = \operatorname{sign} a_i \quad \text{and} \quad |f_{k+1}(x)| < 1 \quad \text{if} \quad x \notin \{x_1, \dots, x_k\}\,. \tag{33}$$

Assume also that

$$L_n f_i \underset{n}{\rightarrow} T f_i; \qquad 1 \leqq i \leqq k+1\,. \tag{34}$$

Then $L_n f \underset{n}{\rightarrow} Tf$ *if and only if*

$$\|L_n\|_E \underset{n}{\rightarrow} \sum_{1 \leqq i \leqq k} |a_i|\,. \tag{35}$$

Proof: From the definitions of T and f_{k+1}, we obtain

$$\|T\|_{C(X)} = \sum_{1 \leqq i \leqq k} |a_i| = \sum_{1 \leqq i \leqq k} a_i f_{k+1}(x_i) = T f_{k+1} \leqq \|T\|_E \leqq \|T\|_{C(X)}\,. \tag{36}$$

If $L_n f \underset{n}{\rightarrow} Tf$, it is almost trivial to prove (35) from (34) and (36). Now, suppose (35) holds. Then (L_n) has at least one limit point L in the dual space of E. It will be sufficient to prove $L = T$. By the interpolation formula (see, for example, [17]) there exist distinct points $z_1, \dots, z_r$ and nonzero scalars $b_1, \dots, b_r$, where $r \leq \dim E$, such that L admits the representing measure

$$L = \sum_{1 \leqq i \leqq r} b_i \delta_{z_i}; \qquad \|L\|_E = \sum_{1 \leqq i \leqq r} |b_i|\,. \tag{37}$$

On the other hand

$$\|L\|_E = \lim_n \|L_n\|_E = \sum_{1 \leqq i \leqq k} |a_i| = \|T\|_E\,. \tag{38}$$

Now, using successively (37), (38), (36), (34), (37) and (33) we have

$$\sum_{1 \leqq i \leqq r} |b_i| = \|L\|_E = \|T\|_E = T f_{k+1} = L f_{k+1} = \sum_{1 \leqq i \leqq r} b_i f_{k+1}(z_i) \leqq \sum_{1 \leqq i \leqq r} |b_i|\,. \tag{39}$$

Again from (33) it is obvious that (39) is possible only if $\{z_1, \dots, z_r\} \subset \{x_1, \dots, x_k\}$. Then $T - L$ admits the representation

$$T - L = \lambda = \sum_{1 \leqq i \leqq k} c_i \delta_{x_i}\,. \tag{40}$$

Now, if $c_l \neq 0$ for some index l and since T and L coincide on f_l from (34)

$$0 = (T - L) f_l = \int f_l \, d\lambda = c_l f_l(x_l) \neq 0\,.$$

This means $c_i = 0$, $1 \leqq i \leqq K$, and then $T = L$.

Remarks:

It is easy to construct functions f_i, $1 \leq i \leq k$, from a test family on $Z = \{x_i, 1 \leq i \leq k\}$ or from a finite set of separating continuous functions on X.

If T is positive, it is also easy to construct f_{k+1}. For example, if $(f_{x_i})_{1 \leqq i \leqq k}$ is a test family and $\alpha > 0$ is sufficiently small we may set $f_{k+1} = 1 - \alpha \prod_{1 \leqq i \leqq k} f_{x_i}$. These remarks show, that the results in [12] are particular cases of theorem 5.

In particular, if $X = [0, 1]$ and $f_{x_i}(x) = (x - x_i)^2$, then the functions $\{x^j, 0 \leqq j \leqq 2p\}$, may be taken as test functions for every $T \in \mathfrak{M}_p^+[0, 1]$. If, in addition, the (L_n) are positive, then condition $\|L_n\|_E \underset{n}{\rightarrow} \|T\|_E$ follows from $L_n 1 \underset{n}{\rightarrow} T1$. This means that the most important case due to Micchelli [10] follows from theorem 5.

Finally, if in the last remark we consider the set of polynomials up to given degree on [0, 1], it is not very difficult to construct a linear functional $T = \delta_{x_1} - \delta_{x_2}$ for which there is no such function f_{k+1} between the given polynomials. In fact, we must take x_1 and x_2 to be sufficiently close so that the existence of such a polynomial f_{k+1} would contradict Bernstein's theorem on the boundedness of the derivative of a polynomial as a function of its degree and sup norm.

References

1 Shisha, O.; Mond, B., The degree of convergence of sequences of positive linear operators, Proc. Nat. Acad. Sci. USA **60** (1968), 1196–1200.

2 Shisha, O.; Mond, B., The degree of approximation to periodic functions by linear positive operators, J. Approx. Theory **1** (1968), 335–339.

3 KOROVKIN, P. P., On the convergence of positive linear operators in the space of continuous functions, Doklady, Akad. Nauk USSR **90** (1953), 961–964 (Russian).
4 WOLFF, M., Darstellung von BANACH-Verbänden und Sätze vom KOROVKIN-Typ, Math. Ann. **200** (1973), 47–67.
5 WOLFF, M., Über KOROVKIN-Sätze in lokal konvexen Vektorverbänden, Math. Ann. **204** (1973), 49–56.
6 BAUER, H., Theorems of KOROVKIN type for adapted spaces, Ann. Inst. Fourier **23**, F. 4 (1973), 245–260.
7 KITTO, W.; WULBERT, E., KOROVKIN approximations in L^p-spaces, Pacific J. Math. **63** (1976), 154–167.
8 JIMÉNEZ POZO, M. A., Convergence of sequences of linear Operators, Vestnik Moskovskogo Univ., Mathmatika, **4** (1978), 7–15 (russian).
9 SENDOV, BL., Convergence of sequences of monotonic operators in A-distance, Doklady Bulgarskoi Akad. Nauk. **30**, 5 (1977), 657–660.
10 MICCHELLI, C. A., TCHEBYCHEFF subspace and convergence of positive linear operators, Proc. Amer. Math. Soc. **40**, 2 (1973), 448–452.
11 MICCHELLI, C. A., Convergence of positive linear operators on $C(X)$ J. Approx. Theory **13**, (1975), 305–315.
12 JIMÉNEZ POZO, M. A., Sobre la convergencia de operadores lineales y el metodo de las funciones de prueba, Rev. Cen tro Univ. Las Villas **3** (1975), 67–72.
13 JIMÉNEZ POZO, M. A., Sur les opèrateurs positifs et la méthode des functions test, C. R. Acad. Sci., Paris, Sér. A, (1974), 149–152.
14 JIMÉNEZ POZO, M. A., Déformation de la convexite et théorèmes du type KOROVKIN, to appear in C. R. Acad. Sci., Paris, Sér. A, (1980).
15 NISHISHIRAHO, T., The degree of convergence of positive linear operators, Tôhukū Math. J. **29** –1 (1977), 81–89.
16 MOND, B., Note on the degree of approximation by linear positive operators, J. Approx. Theory **18** (1976), 304–306.
17 SHAPIRO, H. S., Topics in Approximation Theory, Springer-Verlag 187, Berlin-Heidelberg-New York, 1971.

Eingereicht: 16. 12. 1980

Anschrift: Prof. Dr. MIGUEL ANTONIO JIMÉNEZ POZO, Aguacate 409 Ap. 2, Habana Vieja, Cuba.

ZAMM 61, 501–512 (1981)

W. Kampowsky

Optimalitätsbedingungen für Prozesse in Evolutionsgleichungen 1. Ordnung

Die Arbeit beschäftigt sich mit Problemen optimaler Steuerung, die durch nichtlineare Evolutionsgleichungen 1. Ordnung mit Anfangs- oder speziellen Randbedingungen beschrieben werden. Mit Hilfe eines abstrakten Modells von L. Bittner werden notwendige Optimalitätsbedingungen hergeleitet, die in einem Spezialfall auch hinreichend sind.

This paper deals with optimal control problems governed by nonlinear evolution equations of first order with initial or special boundary conditions. Using an abstract model due to L. Bittner, necessary optimality conditions are derived, which are also sufficient in a special case.

Настоящая работа посвящена проблемам оптимального управления, которые описываются нелинейными эволюционными уравнениями первого порядка с начальными или специальными граничными условиями. С помощью абстрактной модели Л. Биттнера установлены необходимые условия оптимальности, которые, в частном случае, оказываются и достаточными.

1. Einleitung

In der Arbeit[1]) werden optimale Prozesse untersucht, die durch Evolutionsgleichungen 1. Ordnung beschrieben werden. Wir betrachten die folgenden beiden Aufgaben:

$$F(x, u) = \min! \quad \text{bei} \quad x' + A(x, u) = 0\,, \qquad x(0) = h(u)\,, \qquad u \in U_0\,; \tag{1}$$

$$F(x, u) = \min! \quad \text{bei} \quad x' + A(x, u) = 0\,, \qquad x(0) - x(T) = h(u)\,, \qquad u \in U_0\,. \tag{1'}$$

Die Prozeßgleichung ist für jede Steuerung u eine Evolutionsgleichung 1. Ordnung mit einer Anfangsbedingung bzw. mit einer speziellen Randbedingung, in denen die Steuerung u ebenfalls vorkommt.

Wir setzen genau folgendes voraus:

V sei ein reflexiver und separabler Banach-Raum, der stetig und dicht in einen Hilbert-Raum H eingebettet ist, so daß wir die stetige und dichte Einbettung $V \subset H \subset V^*$ haben. H wird mit H^* identifiziert. S sei das Zeitintervall $[0, T]$. Es sei weiter $X = L_2(S; V)$, folglich ist $X^* = L_2(S; V^*)$. W sei der Raum aller $x \in X$ mit einer Ableitung x' (im Sinne der Distributionen über S mit Werten in V^*, wobei $x \in X$ V^*-wertig ist über die Inklusion $V \subset H \subset V^*$) aus X^*. U_0 bezeichne die Menge der zulässigen Steuerungen u des Steuerraumes U. Es seien folgende Abbildungen gegeben: $F\colon W \times U \to R$ (R sei die Menge der reellen Zahlen), $A\colon X \times U \to X^*$, $h\colon U \to H$.

Unter Verwendung eines abstrakten Modells von L. Bittner [3–5] werden für die Aufgaben (1) und (1') notwendige Optimalitätsbedingungen hergeleitet. Es macht sich notwendig, auf die hier verwendete, modifizierte bzw. konkretisierte Form des Modells kurz einzugehen (Punkt 2). Wenn wir auch die Prozeßgleichungen im wesentlichen als funktionalanalytische Verallgemeinerung von gewissen nichtlinearen parabolischen Differentialgleichungen auffassen, so behandeln wir sie aber in der angegebenen abstrakten Form als Evolutionsgleichungen, wobei der Operator A weder punktweise definiert noch ein Volterra-Operator sein muß. In Punkt 3 gehen wir kurz auf die Lösbarkeit solcher Evolutionsgleichungen nach F. E. Browder ([6]) ein. Die abstrakten notwendigen Optimalitätsbedingungen werden in Punkt 4 hergeleitet. Für einen einfachen Spezialfall — konvexes, in x und u separiertes Zielfunktional und lineare Prozeßgleichung — ist die Optimalitätsbedingung auch hinreichend (Punkt 5). Bei zeitabhängigen Steuerungen können die Bedingungen in bestimmten Fällen auch punktweise formuliert werden, und zwar unter Verwendung von „klassischen" Variationen vom Lagrangeschen Typ Punkt 6. Charakteristisch ist dabei, daß in diesen Bedingungen Ableitungen nach der Steuervariablen u auftreten. Mit Pontrjaginschen Variationen haben wir kein Resultat erhalten, insbesondere deshalb, weil im allgemeinen keine punktweise Darstellung der Lösung der sogenannten Variationsgleichung möglich ist. Die eindeutige Auflösbarkeit der Variationsgleichung steht nur als bloße Existenz- und Eindeutigkeitsaussage für Evolutionsgleichungen zur Verfügung. Sind die Ausführungen in Punkt 6 schon auf den Zusammenhang von Evolutionsgleichungen und parabolischen Differentialgleichungen ausgerichtet, so wird dies in Punkt 7 konkretisiert. Dort berechnen wir für eine konkrete Aufgabe eine optimale Steuerung unter Ausnutzung der notwendigen und hinreichenden Bedingung. Dabei können wir in diesem Fall mit der Fourier-Methode eine punktweise Darstellung der Lösung der Evolutionsgleichung gewinnen, was im allgemeinen natürlich nicht möglich ist.

Ebenfalls unter Benutzung einer Modifikation des Bittnerschen Modells hat L. v. Wolfersdorf für konkrete Steuerungsaufgaben mit semilinearen parabolischen Differentialgleichungen in mehreren Arbeiten [26–28] Maximumprinzipe hergeleitet. Im Unterschied zu den hier betrachteten verallgemeinerten Lösungen als Lösungen von Evolutionsgleichungen kann v. Wolfersdorf wegen der speziellen Gestalt der Differentialgleichungen verallgemeinerte Lösungen als Lösungen von gewissen Hammersteinschen Integralgleichungen (in die eine Greensche Funktion eingeht) definieren.

Aus der Fülle von Arbeiten, in denen Optimalitätsbedingungen für Aufgaben mit konkreten parabolischen Differentialgleichungen hergeleitet werden, seien genannt: A. I. Egorov [7], N. N. Golub [12, 13], J. L. Lions [18, 20, 21], A. S. Matweew u. W. A. Jakubowitsch [23]. Maximumprinzipe für Steuerungsaufgaben mit abstrakten Differentialgleichungen (Evolutionsgleichungen) 1. Ordnung in Banach-Räumen findet man z. B. bei Ju. V.

[1]) Sie enthält wesentliche Auszüge der Dissertation A des Verfassers, siehe [14].

EGOROV [8], A. FRIEDMAN [9, 10], J. L. LIONS [18], W. SCHMIDT [25]. Direkte Beziehungen zu den hier betrachteten Aufgaben, insbesondere die Verwendung des verallgemeinerten Lösungsbegriffes betreffend, findet man z. T. in den genannten Arbeiten von LIONS, wobei allerdings die Prozeßgleichungen meist linear oder fast linear sind. Die anderen genannten Autoren verwenden andere verallgemeinerte Lösungsbegriffe für die speziellen parabolischen Differentialgleichungen bzw. verstehen die Evolutionsgleichungen in einem anderen Sinne als hier.

Zu Steuerungsaufgaben mit Evolutionsgleichungen etwa der hier betrachteten Art gelangen R. KLUGE und H. LANGMACH bei der Betrachtung von Parameterbestimmungsproblemen für partielle Differentialgleichungen [16, 17] siehe auch [15] und dort zitierte frühere Arbeiten von R. KLUGE). Es werden Existenzaussagen und Verfahren zur näherungsweisen Berechnung der optimalen Parameter angegeben, wobei auf Optimalitätsbedingungen nicht eingegangen wird.

Existenzaussagen für solche Steueraufgaben, wobei der Operator A in x und u separiert ist, findet man ebenfalls bei N. U. AHMED und K. L. TEO [1, 2], wobei notwendige Optimalitätsbedingungen kurz gestreift werden.

2. Eine notwendige Optimalitätsbedingung nach L. Bittner

Es seien Y, Z Banach-Räume. Der metrische Raum U bezeichne den Raum der Steuerungen, $U_0 \subset U$ bezeichne die Menge der zulässigen Steuerungen. Es seien folgende Abbildungen gegeben: $F\colon Y \times U \to R$, $G\colon Y \times U \to Z$.

Wir betrachten die folgende Aufgabe:

$$F(x, u) = \min! \quad \text{bei} \quad G(x, u) = 0\,, \qquad u \in U_0\,. \tag{2.1}$$

Es sei im folgenden $(x_0, u_0) \in Y \times U_0$ optimal für die Aufgabe (2.1).

Wir betrachten solche Paare von Folgen $\{u_k\} \subset U_0$ mit $u_k \to u_0$ in U und $\{\gamma_k\} \subset R_+$ (R_+ bezeichne die Menge der positiven reellen Zahlen) mit $\gamma_k \to 0$, daß folgendes gilt:

$$\left.\begin{array}{l} \text{i) Es existiert ein } x_k \in Y, \text{ so daß } G(x_k, u_k) = 0. \\ \text{ii) } \Delta x = \lim\limits_{k\to\infty} \gamma_k^{-1}(x_k - x_0) \text{ existiert in der schwachen Topologie von } Y. \\ \text{iii) } \Delta F = \lim\limits_{k\to\infty} \gamma_k^{-1}\big(F(x_0, u_k) - F(x_0, u_0)\big) \text{ existiert.} \end{array}\right\} \tag{2.2}$$

An das Zielfunktional stellen wir folgende Forderung:

$$\left.\begin{array}{l} F \text{ sei in einer Umgebung von } (x_0, u_0) \text{ Fréchet-differenzierbar nach } x \in Y, \\ F_x \text{ sei stetig im Punkt } (x_0, u_0). \end{array}\right\} \tag{2.3}$$

Satz 1: *Sei* $(x_0, u_0) \in Y \times U_0$ *optimal für Aufgabe* (2.1). *Die Voraussetzung* (2.3) *sei erfüllt. Dann gilt für alle Paare von Folgen* $\{u_k\} \subset U_0$ *mit* $u_k \to u_0$ in U und $\{\gamma_k\} \subset R_+$ *mit* $\gamma_k \to 0$, *die* (2.2) *genügen,*

$$\Delta F + F_x(x_0, u_0)\, \Delta x \geqq 0\,. \tag{2.4}$$

Insbesondere das Erfülltsein von i) und die Existenz des schwachen Richtungsgrenzwertes Δx aus ii) sind wesentliche Untersuchungspunkte bei der späteren Betrachtung unserer Aufgaben (1) und (1′).

Unter starken Voraussetzungen an G lassen sich i) und ii) aus (2.2) erfüllen. Wir setzen voraus:

$$\left.\begin{array}{l} G \text{ sei in einer Umgebung von } (x_0, u_0) \text{ Fréchet-differenzierbar nach } x \in Y, G_x \text{ sei stetig im Punkt } (x_0, u_0), \\ [G_x(x_0, u_0)]^{-1} \text{ existiere auf } Z, \text{ sei eindeutig und beschränkt.} \end{array}\right\} \tag{2.5}$$

Satz 2: *Sei* $(x_0, u_0) \in Y \times U_0$ *optimal für Aufgabe* (2.1). *G erfülle die Voraussetzungen* (2.5). *Seien* $\{u_k\} \subset U_0$ *mit* $u_k \to u_0$ *in* U *und* $\{\gamma_k\} \subset R_+$ mit $\gamma_k \to 0$ *so, daß der Richtungsgrenzwert*

$$\Delta G = \lim_{k\to\infty} \gamma_k^{-1}\big(G(x_0, u_k) - G(x_0, u_0)\big) \tag{2.6}$$

in der schwachen Topologie von Z existiert. Dann existiert für $k \gg 1$ *ein* $x_k \in Y$ *mit* $G(x_k, u_k) = 0$. *Außerdem existiert der schwache Richtungsgrenzwert* Δx der $\{x_k\}$. *Es ist gerade*: $\Delta x = -[G_x(x_0, u_0)]^{-1}\, \Delta G$, *das heißt*, Δx *ist die eindeutig bestimmte Lösung der sogenannten Variationsgleichung*

$$G_x(x_0, u_0)\, \Delta x = -\Delta G \tag{2.7}$$

Beweis: Der Beweis erfolgt im wesentlichen mit dem Banachschen Fixpunktsatz.

Aus Satz 1 und Satz 2 ergibt sich unmittelbar das folgende notwendige Optimalitätskriterium.

Satz 3: *Sei* $(x_0, u_0) \in Y \times U_0$ *optimal für Aufgabe* (2.1). *Es seien die Voraussetzungen* (2.3) *und* (2.5) *erfüllt. Dann gilt*:

$$\Delta F - F_x(x_0, u_0)\, [G_x(x_0, u_0)]^{-1}\, \Delta G \geqq 0 \tag{2.8}$$

für alle Paare $(\Delta F, \Delta G)$ *gemeinsamer Richtungsgrenzwerte* ΔF *und* ΔG, *die erzeugt werden durch Folgen* $\{u_k\} \subset U_0$ *mit* $u_k \to u_0$ in U *und* $\{\gamma_k\} \subset R_+$ *mit* $\gamma_k \to 0$.

3. Zur Lösung von Evolutionsgleichungen

Es sollen hier einige Existenz- und Eindeutigkeitsaussagen für Lösungen unserer zu betrachtenden Evolutionsgleichungen 1. Ordnung im Rahmen der Theorie monotoner und maximal monotoner Operatoren zusammengestellt werden. Darstellungen zu dieser Theorie findet man z. B. in den Monographien [11] und [19], ebenso sei auf [29] verwiesen.

Unsere speziellen Anwendungen lassen es zu, die Existenzaussagen auf einen Satz zurückzuführen, der letztlich auf F. E. Browder zurückgeht (siehe Satz 4).

X sei im folgenden ein reflexiver Banach-Raum, X^* sei der duale Raum. $\langle .,. \rangle$ bezeichne die Anwendung von Elementen aus X^* auf Elemente aus X.

Definitionen: Ein Operator $A: X \to X^*$ heißt

monoton $\underset{\text{Def}}{=} \langle A(x) - A(y), x - y \rangle \geqq 0$ für alle $x, y \in X$;

strikt monoton $\underset{\text{Def}}{=} \langle A(x) - A(y), x - y \rangle > 0$ für alle $x \neq y \in X$;

stark monoton (mit der Monotoniekonstanten $m > 0$) $\underset{\text{Def}}{=} \langle A(x) - A(y), x - y \rangle \geqq m \cdot \|x - y\|_X^2$ für alle $x, y \in X$;

koerzitiv $\underset{\text{Def}}{=}$ es existiert eine Funktion $\alpha: [0, \infty) \to R$ mit $\alpha(s) \to \infty$ für $s \to \infty$, so daß

$\langle A(x), x \rangle \geqq \alpha(\|x\|_X) \cdot \|x\|_X$ für alle $x \in X$;

radialstetig $\underset{\text{Def}}{=}$ aus $\{s_n\} \subset [0, 1]$, $s_n \to s$ folgt $\langle A(x + s_n \cdot y) - A(x + s \cdot y), y \rangle \to 0$ für alle $x, y \in X$.

Definition: Ein Operator $C: D(C) \subset X \to X^*$ heißt

maximal monoton $\underset{\text{Def}}{=}$ 0) $D(C)$ ist linear,
1) C ist monoton auf $D(C)$,
2) Aus $\langle f - C(x), x_0 - x \rangle \geqq 0$ für alle $x \in D(C)$, wobei $f \in X^*$, $x_0 \in X$, folgt stets $x_0 \in D(C)$ und $C(x_0) = f$.

Es gilt der folgende wichtige Existenzsatz.

Satz 4: *Sei $C: D(C) \subset X \to X^*$ radialstetig und maximal monoton. Sei $A: X \to X^*$ radialstegig, monoton und koerzitiv. Dann besitzt die Aufgabe*

$$C(x) + A(x) = f \tag{3.1}$$

für beliebiges $f \in X^*$ eine Lösung $x \in D(C)$.

Ist A sogar strikt monoton, so ist die Lösung eindeutig.

Beweis: Der Satz ist in dieser Form in [11] enthalten und auch dort bewiesen (siehe S. 78ff.). F. E. Browder kann auf die Radialstetigkeit von C und die Linearität von $D(C)$ verzichten, fordert jedoch noch, daß A beschränkte Mengen aus X in beschränkte Mengen aus X^* überführt (vgl. [6]).

Wir setzen jetzt die Räume V, H, X, X^*, W wie in der Einleitung voraus und vermerken noch, daß $(.;.)_H$ das Skalarprodukt in H bezeichne, daß $(.;.)$ die Anwendung von Elementen aus V^* auf Elemente aus V bezeichne, daß X und X^* in üblicher Weise normiert sind und daß W mit der Norm $\|x\|_W := \|x\|_X + \|x'\|_{X^*}$ ein Banach-Raum ist.

Über den Raum W stellen wir einige Aussagen zusammen.

Hilfssatz:

1) *W ist stetig in den Raum $C(S; H)$ der stetigen Funktionen über S mit Werten in H eingebettet, wobei eine Funktion aus W evtl. erst nach Abänderung auf einer Menge vom Maße Null als H-wertigeFunktion stetig ist. Es gilt die folgende Regel der partiellen Integration:*

$$\big(x(t_1); y(t_1)\big)_H - \big(x(t_0); y(t_0)\big)_H = \int_{t_0}^{t_1} \big[\big(x'(s); y(s)\big) + \big(y'(s); x(s)\big)\big] \, ds, \qquad t_0, t_1 \in S, \qquad x, y \in W. \tag{3.2}$$

2) *Jedes lineare, stetige Funktional f über W kann* (nicht unbedingt in eindeutiger Weise) *dargestellt werden in der Form: $f(x) = \langle y^*, x \rangle + \langle x', y \rangle$, $x \in W$, mit Hilfe eines $y^* \in X^*$ und eines $y \in X$. Alle Paare $(y^*, y) \in X^* \times X$, die das Nullfunktional über W darstellen, haben die Eigenschaften: $y \in W$, $y^* = y'$ und $y(0) = y(T) = 0$.*

3) *Sei $\{y_n\} \subset W$, $y_n \rightharpoonup y$ in X, $y_n' \rightharpoonup z$ in X^*. Dann gilt: $y \in W$, $y' = z$, $y_n \rightharpoonup y$ in W, $y_n(t) \rightharpoonup y(t)$ in H für $t \in S$.*

4) *Zu jedem $a \in H$ existiert ein $x \in W$ mit $x(0) = a$ und $x(T) = 0$. Mehr noch gilt: Sei $\{a_k\}$ eine in H beschränkte Folge. Dann existiert eine Folge $\{z_k\} \in W$ mit $z_k(0) = a_k$ und $z_k(T) = 0$, die in W beschränkt ist.*[2])

Beweis:

Zu 1) siehe [11], S. 147ff.
Zu 2) siehe [14], S. 15ff.
Zu 3): Offenbar können wir die Menge der Paare (x, x') mit $x \in W$ als abgeschlossenen linearen (daher auch schwach abgeschlossenen) Teilraum von $X \times X^*$ auffassen, deshalb gilt $y \in W$ und $y' = z$. $y_n \rightharpoonup y$ in W folgt aus 2) und $y_n(t) \rightharpoonup y(t)$ in H für $t \in S$ folgt aus 1).

Zu 4): Die mit Hilfe der Einbettung von W in $C(S; H)$ durch $x \in W \to x(0) \in H$ definierte Abbildung bildet auf H ab (siehe [19], S. 167, vgl. auch [22], S. 31ff.), das heißt, es gibt ein $y \in W$ mit $y(0) = a$. Offenbar erfüllt nun x mit $x(t) := (1 - t/T) \cdot y(t)$, $t \in S$, das Geforderte.

Der Beweis des 2. Teils erfolgt folgendermaßen: $W_T := \{x \in W \mid x(T) = 0\}$ ist als abgeschlossener Teilraum von W ebenfalls ein Banach-Raum. Die durch die Einbettung von W in $C(S; H)$ definierte Abbildung $\varphi: x \in W_T \to x(0) \in H$ ist linear, stetig und „auf". $W_0 := \{x \in W_T \mid x(0) = 0\}$ ist ein abgeschlossener Teilraum von W_T, mithin ist der Faktorraum $W_{T/0} = W_T/W_0$ mit der

[2]) In der Aussage können 0 und T vertauscht werden.

Norm $|||[x]||| = \inf_{y \in [x]} ||y||_W$ ein Banach-Raum. $\hat{\varphi}: W_{T/0} \to H$ mit $\hat{\varphi}([x]) = \varphi(x) = x(0)$ ist nun linear, stetig, „auf" und eineindeutig, deshalb existiert $\hat{\varphi}^{-1}$ und ist stetig. Also folgt aus der Beschränktheit von $\{a_k\}$ in H die Beschränktheit von $\{\hat{\varphi}^{-1}(a_k)\}$ in $W_{T/0}$. Wir finden ein $z_k \in \hat{\varphi}^{-1}(a_k)$, so daß $||z_k||_W \leqq 2 \cdot |||\hat{\varphi}^{-1}(a_k)|||$, das bedeutet, $\{z_k\}$ ist beschränkt in W und $z_k(0) = a_k$ und $z_k(T) = 0$.

Satz 4 und Aussage 4) des Hilfssatzes liefern Satz 5 und 6.

Satz 5: *Sei $A: X \to X^*$ radialstetig und stark monoton. Dann hat die folgende Anfangswertaufgabe*

$$x' + A(x) = f\,, \qquad x(0) = a \tag{3.3}$$

für beliebiges $f \in X^*$ und $a \in H$ genau eine Lösung $x \in W$.

Bemerkung: Die starke Monotonie von A läßt sich in Satz 5 durch die folgende schwächere Bedingung ersetzen:

$$\left.\begin{array}{l} \int\limits_S e^{-2\lambda t}\big(A(x)(t) - A(y)(t) + \lambda(Ix(t) - Iy(t)); x(t) - y(t)\big)\,\mathrm{d}t \geqq m \cdot ||x - y||_X^2 \\ \text{für alle} \quad x, y \in X\,, \quad \text{wobei} \quad \lambda \geqq 0 \quad \text{und} \quad m > 0\,.^{3)} \end{array}\right\} \tag{3.4}$$

Diese Bedingung ist z. B. erfüllt, wenn A ein Volterra-Operator ist und $A + \lambda I: X \to X^*$ sich als stark monoton erweist (vgl. [11], S. 211).

Satz 6: *Sei $A: X \to X^*$ radialstetig und stark monoton. Dann hat die folgende Randwertaufgabe*

$$x' + A(x) = f\,, \qquad x(0) - x(T) = a \tag{3.5}$$

für beliebiges $f \in X^*$ und $a \in H$ genau eine Lösung $x \in W$.

4. Allgemeine notwendige Optimalitätsbedingungen

Wir betrachten unsere in der Einleitung definierten Aufgaben optimaler Steuerung (1) und (1'). Dabei sei der Steuerraum U ein metrischer Raum. Es sei im folgenden $(x_0, u_0) \in W \times U_0$ optimal für (1) bzw. (1'). Wir wollen zunächst untersuchen, wann Paare von Folgen $\{u_k\} \subset U_0$ mit $u_k \to u_0$ in U und $\{\gamma_k\} \subset R_+$ mit $\gamma_k \to 0$ die wichtigen Bedingungen i) und ii) aus (2.2) erfüllen.

Unsere 1. Variante gewinnt Aussagen entsprechend Satz 2. Wir bringen die Prozeßgleichungen von (1) und (1') in die dort verwendete Form. Mit $G: W \times U \to X^* \times H$, definiert für $x \in W$ und $u \in U$ durch

$$G(x, u) := \big(x' + A(x, u), x(0) - h(u)\big)\,, \tag{4.1}$$

$$G(x, u) := \big(x' + A(x, u), x(0) - x(T) - h(u)\big)\,, \tag{4.1'}$$

sind die Prozeßgleichungen von (1) bzw. (1') identisch der Gleichung $G(x, u) = 0$.

Entsprechend Satz 2 gilt die folgende Aussage.

Satz 7: *Sei $(x_0, u_0) \in W \times U_0$ optimal für Aufgabe (1) bzw. (1'). Seien $\{u_k\} \subset U_0$ mit $u_k \to u_0$ in U und $\{\gamma_k\} \subset R_+$ mit $\gamma_k \to 0$ so, daß die Richtungsgrenzwerte*

$$\Delta A = \lim_{k\to\infty} \gamma_k^{-1}\big(A(x_0, u_k) - A(x_0, u_0)\big)\,, \qquad \Delta h = \lim_{k\to\infty} \gamma_k^{-1}\big(h(u_k) - h(u_0)\big) \tag{4.2}$$

in der schwachen Topologie von X^* bzw. H existieren.

Es seien weiter folgende Voraussetzungen erfüllt:

a) *$A: W \times U \to X^*$ sei in einer Umgebung von (x_0, u_0) Fréchet-differenzierbar nach $x \in W$, A_x sei stetig im Punkt (x_0, u_0).*

b) *$A_x(x_0, u_0) \in \mathcal{L}(W; X^*)$ sei zu einer linearen Abbildung auf ganz X ausdehnbar, $A_x(x_0, u_0): X \to X^*$ sei stark monoton*[4]).

Dann existiert für $k \gg 1$ ein $x_k \in W$, so daß (x_k, u_k) Lösung der Prozeßgleichung ist. Außerdem gilt: $\gamma_k^{-1}(x_k - x_0) \rightharpoonup \Delta x$ in W, dabei ist Δx die eindeutig bestimmte Lösung der Variationsgleichung

$$\Delta x' + A_x(x_0, u_0)\,\Delta x = -\Delta A\,, \qquad \Delta x(0) = \Delta h \tag{4.3}$$

bzw. der Variationsgleichung

$$\Delta x' + A_x(x_0, u_0)\,\Delta x = -\Delta A\,, \qquad \Delta x(0) - \Delta x(T) = \Delta h \tag{4.3'}$$

Beweis: Wir betrachten nur den ersten Fall. Wir wenden Satz 2 an. Offenbar ist G, definiert in (4.1), Fréchet-differenzierbar nach $x \in W$, außerdem ist G_x stetig im Punkt (x_0, u_0). Für die Fréchet-Ableitung gilt die folgende Darstellung:

$$G_x(x, u)\,y := \big(y' + A_x(x, u)\,y\,,\ y(0)\big)\,, \qquad x, y \in W\,, \qquad u \in U\,.$$

Wir müssen uns davon überzeugen, daß $[G_x(x_0, u_0)]^{-1}$ auf $X^* \times H$ existiert, eindeutig und beschränkt ist.

Wir betrachten die lineare Evolutionsgleichung

$$y' + A_x(x_0, u_0)\,y = f\,, \qquad y(0) = a\,, \qquad f \in X^*\,, \qquad a \in H\,. \tag{4.4}$$

[3]) I bezeichne die (stetige) Einbettung von X in X^*, definiert durch die Inklusion $V \subset H \subset V^*$.

[4]) Im Fall der Aufgabe (1) reicht auch die schwächere Bedingung (3.4).

$A_x(x_0, u_0)\colon X \to X^*$ ist nach Voraussetzung b) stark monoton (erfüllt zumindest (3.4)), ist wegen der Linearität auch stetig, folglich hat (4.4) nach Satz 5 für jedes $f \in X^*$ und jedes $a \in H$ genau eine Lösung $y \in W$. Mithin ist die lineare, stetige Abbildung $G_x(x_0, u_0)\colon W \to X^* \times H$ eineindeutig und „auf", das heißt, nach dem bekannten Satz von Banach existiert $[G_x(x_0, u_0)]^{-1}$ als eindeutige Abbildung und ist beschränkt. Also erfüllt G die Voraussetzung (2.5). Es gilt weiter: $\Delta G = (\Delta A, -\Delta h)$. Satz 2 liefert damit das Gewünschte.

Als Realisierung der Voraussetzungen a), b) von Satz 7 ist daran gedacht, daß $A\colon X \times U \to X^*$ in einer Umgebung von (x_0, u_0) (schwach) Gâteaux-differenzierbar[5]) nach $x \in X$ ist und daß sich darüber hinaus $A_x(x, u)$ (für x aus einer gewissen W-Umgebung von x_0 und u aus einer Umgebung von u_0) sogar als Fréchet-Ableitung von A (als Abbildung eingeschränkt auf $W \times U$) nach $x \in W$ erweist. Im Hinblick auf den Zusammenhang zu parabolischen Differentialgleichungen gibt es Beispiele, bei denen dies der Fall ist, wobei die Forderungen sehr einschneidend sind ([14], Kap. 7). Deshalb hat die folgende 2. Variante der Realisierung der Existenz eines Richtungsgrenzwertes Δx größere Bedeutung.

Satz 8: *Sei $(x_0, u_0) \in W \times U_0$ optimal für Aufgabe* (1) *bzw.* (1'). *Seien $\{u_k\} \subset U_0$ mit $u_k \to u_0$ in U und $\{\gamma_k\} \subset R_+$ mit $\gamma_k \to 0$ so, daß die schwachen Richtungsgrenzwerte ΔA und Δh existieren.*
Weiter seien folgende Voraussetzungen erfüllt:

a) *$A(., u)\colon X \to X^*$ sei radialstetig und stark monoton für alle u aus einer Umgebung von u_0, und zwar mit einer Monotoniekonstanten $m > 0$ unabhängig von u.*[6])

b) *$A\colon X \times U \to X^*$ sei schwach Gâteaux-differenzierbar nach $x \in X$ in einer Umgebung von (x_0, u_0); die auf dieser Umgebung definierte Abbildung $(x,u) \in X \times U \to A_x^*(x, u) \in \mathcal{L}(X; X^*)$ sei punktweise stetig im Punkt (x_0, u_0), das heißt, aus $(x_n, u_n) \to (x_0, u_0)$ in $X \times U$ folgt für jedes $y \in X$ $\quad A_x^*(x_n, u_n)\, y \to A_x^*(x_0, u_0)\, y \quad$ in X^*.*

Dann existiert für $k \gg 1$ genau ein $x_k \in W$, so daß (x_k, u_k) Lösung der Prozeßgleichung ist. Außerdem gilt: $\gamma_k^{-1}(x_k - x_0) \rightharpoonup \Delta x$ in W, dabei ist Δx die eindeutig bestimmte Lösung der Variationsgleichung (4.3) *bzw.* (4.3').

Beweis: Die Voraussetzung a) sichert, daß für $k \gg 1$ genau ein $x_k \in W$ existiert, so daß (x_k, u_k) Lösung der Prozeßgleichung ist (nach Satz 5 bzw. Satz 6).

Wir wollen zunächst zeigen: $\{\gamma_k^{-1}(x_k - x_0)\}$ ist beschränkt in X.

Die Folge $\{\gamma_k^{-1}(h(u_k) - h(u_0))\}$ ist beschränkt in H, mithin finden wir nach dem Hilfssatz, Aussage 4) eine in W beschränkte Folge $\{v_k\}$ mit $v_k(0) = \gamma_k^{-1}(h(u_k) - h(u_0))$ und $v_k(T) = 0$, ebenso ein $z_0 \in W$ mit $z_0(0) = h(u_0)$ und $z_0(T) = 0$. Wir setzen nun $z_k := z_0 + \gamma_k \cdot v_k$. Offenbar gilt $z_k \in W$, $z_k(0) = h(u_k)$, $z_k(T) = 0$. Außerdem ist $\gamma_k^{-1}(z_k - z_0) = v_k$, das heißt, die Folge $\{\gamma_k^{-1}(z_k - z_0)\}$ ist in W beschränkt. Hieraus folgt auch $z_k \to z_0$ in W, in $C(S; H)$ und in X. Wir setzen $y_k := x_k - z_k$, $y_0 := x_0 - z_0$. Dann gilt

$$y_k' + A(y_k + z_k, u_k) = -z_k', \qquad y_k(0) = 0 \quad \text{bzw.} \quad y_k(0) = y_k(T),$$

$$y_0' + A(y_0 + z_0, u_0) = -z_0', \qquad y_0(0) = 0 \quad \text{bzw.} \quad y_0(0) = y_0(T).$$

Wir erhalten

$$\begin{aligned}
m \cdot \|y_k - y_0\|_X^2 &\leqq \langle A(y_k + z_k, u_k) - A(y_0 + z_k, u_k), y_k - y_0\rangle \\
&= \langle A(y_k + z_k, u_k) - A(y_0 + z_0, u_0), y_k - y_0\rangle + \langle A(y_0 + z_0, u_0) - A(y_0 + z_0, u_k), y_k - y_0\rangle + \\
&\quad + \langle A(y_0 + z_0, u_k) - A(y_0 + z_k, u_k), y_k - y_0\rangle \\
&= -\langle y_k' - y_0', y_k - y_0\rangle - \langle z_k' - z_0', y_k - y_0\rangle + \langle A(x_0, u_0) - A(x_0, u_k), y_k - y_0\rangle + \\
&\quad + \langle -A_x(y_0 + z_0 + \delta_k(z_k - z_0), u_k)\,(z_k - z_0), y_k - y_0\rangle \quad (\text{mit } 0 < \delta_k < 1) \\
&\leqq \|z_k' - z_0'\|_{X^*} \cdot \|y_k - y_0\|_X + \|A(x_0, u_k) - A(x_0, u_0)\|_{X^*} \cdot \|y_k - y_0\|_X + \\
&\qquad + \|A_x(x_0 + \delta_k(z_k - z_0), u_k)\|_{\mathcal{L}(X; X^*)} \cdot \|z_k - z_0\|_X \cdot \|y_k - y_0\|_X,
\end{aligned}$$

denn

$$-2\langle y_k' - y_0', y_k - y_0\rangle = -\|y_k(T) - y_0(T)\|_H^2 + \|y_k(0) - y_0(0)\|_H^2 \leqq 0$$

bei beiden Aufgaben. Wir dividieren durch $\gamma_k \cdot \|y_k - y_0\|_X$ und erhalten

$$\begin{aligned}
m \cdot \|\gamma_k^{-1}(y_k - y_0)\|_X &\leqq \|\gamma_k^{-1}(z_k' - z_0')\|_{X^*} + \|\gamma_k^{-1}(A(x_0, u_k) - A(x_0, u_0))\|_{X^*} + \\
&\quad + \|A_x(x_0 + \delta_k(z_k - z_0), u_k)\|_{\mathcal{L}(X; X^*)} \cdot \|\gamma_k^{-1}(z_k - z_0)\|_X .
\end{aligned}$$

Hieraus folgt die Beschränktheit von $\{\gamma_k^{-1}(y_k - y_0)\}$ in X, denn $\{\gamma_k^{-1}(z_k - z_0)\}$ ist beschränkt in W, ΔA existiert, und wegen Voraussetzung b) und einem bekannten Beschränktheitsprinzip ist $\{A_x(x_0 + \delta_k(z_k - z_0), u_k)\}$ in $\mathcal{L}(X; X^*)$ beschränkt. Mithin ist $\{\gamma_k^{-1}(x_k - x_0)\}$ in X beschränkt.

---

[5]) $A_x(x, u)$ heißt *schwache Gâteaux-Ableitung* von A nach $x \in X \underset{\text{Def}}{=} A_x(x, u) \in \mathcal{L}(X; X^*)$ und für alle $h, y \in X$ gilt:

$$\lim_{\varepsilon \to 0} \langle \varepsilon^{-1}(A(x + \varepsilon h, u) - A(x, u)) - A_x(x, u)\, h, y\rangle = 0 .$$

[6]) Im Fall der Aufgabe (1) reicht auch: $A(., u)\colon X \to X^*$ ist radialstetig und erfüllt Bedingung (3.4) für alle u aus einer Umgebung von u_0 und zwar mit Konstanten $\lambda \geqq 0$ und $m > 0$ unabhängig von u.

X ist reflexiv, wir nehmen an: $\gamma_{kl}^{-1}(x_{kl} - x_0) \rightharpoonup w$ in X. Sei $y \in X$ und $kl \gg 1$, so gilt:

$$\begin{aligned}\langle \gamma_{kl}^{-1}(x_{kl}' - x_0'), y\rangle &= \langle -\gamma_{kl}^{-1}\big(A(x_{kl}, u_{kl}) - A(x_0, u_0)\big), y\rangle \\ &= \langle -\gamma_{kl}^{-1}\big(A(x_{kl}, u_{kl}) - A(x_0, u_{kl})\big), y\rangle + \langle -\gamma_{kl}^{-1}\big(Ax_0, u_{kl}) - A(x_0, u_0)\big), y\rangle \\ &= \langle -A_x(x_0 + \beta_l(x_{kl} - x_0), u_{kl})\, \gamma_{kl}^{-1}(x_{kl} - x_0), y\rangle + \langle -\gamma_{kl}^{-1}\big(A(x_0, u_{kl}) - A(x_0, u_0)\big), y\rangle \\ &\qquad\qquad\qquad\qquad\qquad\qquad\qquad\qquad\qquad\qquad\qquad\qquad\qquad (\text{wobei } 0 < \beta_l < 1) \\ &\to \langle -A_x(x_0, u_0)\, w, y\rangle + \langle -\Delta A, y\rangle ,\end{aligned}$$

und zwar wegen Voraussetzung b) und der Existenz von ΔA. Wir haben damit

$$\gamma_{kl}^{-1}(x_{kl} - x_0) \rightharpoonup w \quad \text{in } X \text{ und } \quad \gamma_{kl}^{-1}(x_{kl}' - x_0') \rightharpoonup -A_x(x_0, u_0)\, w - \Delta A \text{ in } X^* .$$

Nach dem Hilfssatz, Aussage 3) folgt $w \in W$, $w' = -A_x(x_0, u_0)\, w - \Delta A$, $\gamma_{kl}^{-1}\big(x_{kl}(0) - x_0(0)\big) \rightharpoonup w(0)$ in H und $\gamma_{kl}^{-1}\big(x_{kl}(T) - x_0(T)\big) \rightharpoonup w(T)$ in H. Aus letzterem folgt $w(0) = \Delta h$ für Aufgabe (1) bzw. $w(0) - w(T) = \Delta h$ für Aufgabe (1'). w ist also Lösung der Variationsgleichung (4.3) bzw. (4.3'). Wegen der starken Monotonie oder wegen (3.4) von $A_x(x_0, u_0)\colon X \to X^*$ (die Monotonie und (3.4) übertragen sich auf die Ableitung) haben die Variationsgleichungen aber genau eine Lösung aus W. Jeder schwache Grenzwert einer in X schwach konvergenten Teilfolge von $\{\gamma_k^{-1}(x_k - x_0)\}$ läßt die obigen Rechnungen zu, das heißt, alle diese schwachen Grenzwerte müssen gleich sein, das bedeutet, für die gesamte Folge $\{\gamma_k^{-1}(x_k - x_0)\}$ gilt die Behauptung.

Die in den Sätzen 7 und 8 gegebenen Varianten des Richtungsgrenzwertes Δx sind die Grundlage für die folgende notwendige Optimalitätsbedingung, die wir nach Satz 1 (und nach Satz 3) erhalten.

Satz 9: *Sei $(x_0, u_0) \in W \times U_0$ optimal für Aufgabe (1) bzw. (1'). Es gelten die Voraussetzungen a) und b) aus Satz 7 oder aus Satz 8. Das Zielfunktional erfülle folgende Voraussetzung:*

c) *F sei in einer Umgebung von (x_0, u_0) Fréchet-differenzierbar nach $x \in W$, F_x sei stetig im Punkt (x_0, u_0).*

Dann gilt für alle Tripel $(\Delta F, \Delta A, \Delta h)$ gemeinsamer Richtungsgrenzwerte, die erzeugt werden durch Steuerfolgen $\{u_k\} \subset U_0$ mit $u_k \to u_0$ in U und Folgen $\{\gamma_k\} \subset R_+$ mit $\gamma_k \to 0$:

$$\left.\begin{array}{l}\Delta F + F_x(x_0, u_0)\, \Delta x \geqq 0 , \\ \text{wobei } \Delta x \text{ die eindeutig bestimmte Lösung der Variationsgleichung } \Delta x' + A_x(x_0, u_0)\, \Delta x = -\Delta A \\ \text{mit der Anfangsbedingung } \Delta x(0) = \Delta h \text{ bzw. mit der Randbedingung } \Delta x(0) - \Delta x(T) = \Delta h \text{ ist} .\end{array}\right\} \quad (4.5)$$

Mit Hilfe einer adjungierten Evolutionsgleichung kann die Lösung Δx der Variationsgleichung aus der notwendigen Optimalitätsbedingung (4.5) eliminiert werden. Wir erhalten das folgende Hauptresultat.

Satz 10: *Sei $(x_0, u_0) \in W \times U_0$ optimal für Aufgabe (1) bzw. (1'). Es gelten die Voraussetzungen von Satz 9. Ferner gelte:*

d) *$f^* \in X^*$, $f \in X$ seien Elemente, mit denen das Funktional $F_x(x_0, u_0)$ nach dem Hilfssatz, Aussage 2) in der Form*

$$F_x(x_0, u_0)\, y = \langle f^*, y\rangle + \langle y', f\rangle \quad \text{für alle} \quad y \in W$$

dargestellt werden kann.

Dann gilt für alle Tripel $(\Delta F, \Delta A, \Delta h)$ gemeinsamer Richtungsgrenzwerte wie in Satz 9:

$$\left.\begin{array}{l}\Delta F - \langle \Delta A, y + f\rangle + \big(\Delta h; y(0)\big)_H \geqq 0 , \\ \text{wobei } y \text{ die eindeutig bestimmte Lösung der adjungierten Evolutionsgleichung} \\ -y' + A_x^*(x_0, u_0)\, y = f^* - A_x^*(x_0, u_0) f \text{ mit der Endbedingung } y(T) = 0 \text{ bzw. mit der Randbedingung} \\ y(0) = y(T) \text{ ist.}\end{array}\right\} \quad (4.6)$$

Beweis: Wir betrachten die adjungierten Evolutionsgleichungen

$$-y' + A_x^*(x_0, u_0)\, y = g , \qquad y(T) = 0 , \qquad g \in X^* , \tag{4.7}$$

$$-y' + A_x^*(x_0, u_0)\, y = g , \qquad y(0) = y(T) , \qquad g \in X^* . \tag{4.7'}$$

Offenbar ist $A_x^*(x_0, u_0) \in \mathcal{L}(X; X^*)$ und stark monoton, falls $A_x(x_0, u_0)$ stark monoton ist. Erfüllt $A_x(x_0, u_0)$ die schwächere Bedingung (3.4), so erhält man für $A_x^*(x_0, u_0)$ die folgende:

$$\int_S e^{2\lambda t}\big((A(x_0, u_0)\, x)\, (t) + \lambda I x(t); x(t)\big)\, dt \geqq m \cdot \|x\|_X^2 \quad \text{für alle} \quad x \in X . \tag{4.8}$$

Man kann zeigen, daß (4.7) — wobei also $A_x^*(x_0, u_0)$ stark monoton ist oder (4.8) genügt — und (4.7') — wobei stets $A_x^*(x_0, u_0)$ stark monoton ist — für jede rechte Seite $g \in X^*$ genau eine Lösung $y \in W$ besitzen. Dabei wird wieder der allgemeine Existenzsatz (Satz 4) angewendet (in [14], S. 80ff.).

Sei nun $y \in W$ die eindeutig bestimmte Lösung von (4.7) bzw. (4.7') mit $g = f^* - A_x^*(x_0, u_0)\, f$. Es gilt:

$$\begin{aligned}F_x(x_0, u_0)\, \Delta x &= \langle f^*, \Delta x\rangle + \langle \Delta x', f\rangle \\ &= \langle f^*, \Delta x\rangle + \langle -A_x(x_0, u_0)\Delta x - \Delta A, f\rangle \\ &= \langle f^* - A_x^*(x_0, u_0)\, f, \Delta x\rangle + \langle -\Delta A, f\rangle \\ &= \langle -y' + A_x^*(x_0, u_0)\, y, \Delta x\rangle + \langle -\Delta A, f\rangle \\ &= \langle -y', \Delta x\rangle + \langle A_x(x_0, u_0)\, \Delta x, y\rangle + \langle -\Delta A, f\rangle \\ &= \langle \Delta x', y\rangle + \big(\Delta x(0); y(0)\big)_H - \big(\Delta x(T); y(T)\big)_H + \\ &\qquad + \langle \Delta A_x(x_0, u_0)\, \Delta x, y\rangle + \langle -\Delta A, f\rangle \\ &= \langle \Delta x' + A_x(x_0, u_0)\, \Delta x, y\rangle + \langle -\Delta A, f\rangle + \big(\Delta h; y(0)\big)_H \\ &= \langle -\Delta A, y + f\rangle + \big(\Delta h; y(0)\big)_H .\end{aligned}$$

Hängt das Zielfunktional explizit vom Endzustand $x(T)$ ab, das heißt, betrachten wir

$$\hat{F}(x, u) = g(x(T)) + F(x, u), \quad x \in W, \quad u \in U, \quad \text{wobei } g: H \to R, \quad F: W \times U \to R, \tag{4.9}$$

so gilt die folgende Aussage.

Satz 11: *Sei $(x_0, u_0) \in W \times U_0$ optimal für Aufgabe* (1) *bzw.* (1') *mit dem Zielfunktional aus* (4.9). *Es gelten alle Voraussetzungen von Satz* 10. *Weiter gelte:*

e) *g sei in einer Umgebung von $x_0(T)$ Fréchet-differenzierbar nach $h \in H$, die Fréchet-Ableitung g_h* (identifiziert mit ihrem erzeugenden Element aus H) *sei stetig im Punkt $x_0(T)$.*

Dann gilt für alle Tripel $(\Delta F, \Delta A, \Delta h)$ gemeinsamer Richtungsgrenzwerte wie in Satz 9:

$$\left.\begin{array}{l} \Delta F - \langle \Delta A, y + f\rangle + (\Delta h; y(0))_H \geqq 0, \\ \text{wobei } y \text{ die eindeutig bestimmte Lösung der adjungierten Evolutionsgleichung} \\ -y' + A_x^*(x_0, u_0)\, y = f^* - A_x^*(x_0, u_0)\, f \text{ mit der Endbedingung } y(T) = g_h(x_0(T)) \text{ bzw. mit der} \\ \text{Randbedingung } y(T) - y(0) = g_h(x_0(T)) \text{ ist.} \end{array}\right\} \tag{4.10}$$

Beweis: Wir wenden Satz 10 an. Offenbar ist $\hat{F}$ in einer Umgebung von (x_0, u_0) Fréchet-differenzierbar nach $x \in W$, und $\hat{F}_x$ ist stetig im Punkt (x_0, u_0). Wir suchen nun $\hat{f}^* \in X^*$, $\hat{f} \in X$ gemäß Voraussetzung d) von Satz 10, so daß $\hat{F}_x(x_0, u_0)\, y = \langle \hat{f}^*, y\rangle + \langle y', \hat{f}\rangle$ für alle $y \in W$. Nach Aussage 4) des Hilfssatzes existiert auch ein $z \in W$ mit $z(0) = 0$ und $z(T) = g_h(x_0(T))$. Es gilt deshalb:

$$\langle z', y\rangle + \langle y', z\rangle = (z(T); y(T))_H - (z(0); y(0))_H = (g_h(x_0(T)); y(T))_H \quad \text{für alle} \quad y \in W.$$

Mithin erhalten wir

$$\hat{F}_x(x_0, u_0)\, y = (g_h(x_0(T)); y(T))_H + F_x(x_0, u_0)\, y = \langle z' + f^*, y\rangle + \langle y, z + f\rangle \quad \text{für alle} \quad y \in W,$$

das heißt, es ist $\hat{f}^* = z' + f^*$ und $\hat{f} = z + f$.

Aus der Optimalität von (x_0, u_0) erhalten wir nach Satz 10

$$\Delta\hat{F} - \langle \Delta A, \hat{y} + \hat{f}\rangle + (\Delta h; \hat{y}(0))_H \geqq 0,$$

wobei $\hat{y}$ die eindeutig bestimmte Lösung von $-\hat{y}' + A_x^*(x_0, u_0)\, \hat{y} = \hat{f}^* - A_x^*(x_0, u_0)\, \hat{f}$ mit $\hat{y}(T) = 0$ bzw. $\hat{y}(0) = \hat{y}(T)$, und zwar für alle Tripel gemeinsamer Richtungsgrenzwerte $\Delta\hat{F}$, ΔA, Δh ist. Wir fügen auf beiden Seiten der adjungierten Evolutionsgleichung $-z' + A_x^*(x_0, u_0)\, z$ hinzu und erhalten:

$$-(\hat{y}' + z') + A_x^*(x_0, u_0)\,(\hat{y} + z) = f^* - A_x^*(x_0, u_0)\, f$$

Wir setzen nun $y := \hat{y} + z$. Die End- bzw. Randbedingung lautet für y offenbar:

$$y(T) = g_h(x_0(T)) \quad \text{bzw.} \quad y(T) - y(0) = g_h(x_0(T)).$$

Wegen der Existenzsätze ist y die einzige Lösung. Damit erhalten wir die Formulierung von Satz 11, wobei noch vermerkt sei, daß $\Delta\hat{F} = \Delta F$ ist.

U sei im folgenden ein normierter Raum. Ist U_0 konvex und existieren für F, A, h Richtungsableitungen nach $u \in U$ an der Stelle (x_0, u_0) bzw. an der Stelle u_0 (für A und h reichen schwache Richtungsableitungen), so wäre folgende Realisierung der Richtungsgrenzwerte denkbar:

$$\left.\begin{array}{l} u_k := u_0 + \gamma_k(u - u_0), \quad \text{wobei} \quad u \in U_0 \quad \text{und} \quad \{\gamma_k\} \subset R_+ \quad \text{mit} \quad \gamma_k \to 0, \\ \Delta F = F_u((x_0, u_0); u - u_0), \quad \Delta A = A_u((x_0, u_0); u - u_0), \quad \Delta h = h_u(u_0; u - u_0). \end{array}\right\} \tag{4.11}$$

5. Die notwendige Bedingung als hinreichende

In einem einfachen Spezialfall ist die notwendige Bedingung auch hinreichend. Unsere spezielle Aufgabe (vgl. auch [18], Kap. 3, § 2, wo eine ähnliche Aufgabe betrachtet wird) lautet:

$$\left.\begin{array}{l} g(x(T)) + F^1(x) + F^2(u) = \min! \\ \text{bei} \quad x' + Ax + Bu + b_0 = 0, \quad x(0) = hu + a_0,^{7)} \quad u \in U_0. \end{array}\right\} \tag{5.1}$$

Dabei sei folgendes vorausgesetzt:

$$\left.\begin{array}{l} U_0 \text{ sei konvex, } g: H \to R,\ F^1: W \to R,\ F^2: U \to R \quad \text{seien konvex}, \\ A: X \to X^*,\ B: U \to X^*,\ h: U \to H \quad \text{seien linear,} \quad b_0 \in X^*,\ a_0 \in H. \end{array}\right\} \tag{5.2}$$

Es gilt für diese Aufgabe der folgende Satz.

Satz 12: *Es seien folgende Voraussetzungen erfüllt:*

1) *$A: X \to X^*$ sei stark monoton oder genüge Bedingung* (3.4).
2) *g sei stetig Fréchet-differenzierbar nach $h \in H$.*

---

[7]) Eine Randbedingung $x(0) - x(T) = hu + a_0$ ist analog zu betrachten.

3) F^1 *sei stetig Fréchet-differenzierbar nach* $x \in W$. *Es gelte:*

$$F^1_x(x_0)\, y = \langle f^*, y\rangle + \langle y', f\rangle \quad \text{für alle} \quad y \in W\,, \quad \text{wobei} \quad f^* \in X^* \quad \text{und} \quad f \in X\,.$$

4) F^2 *sei Gâteaux-differenzierbar nach* $u \in U$.

Dann ist $(x_0, u_0) \in W \times U_0$ *genau dann optimal für die Aufgabe* (5.1) *mit* (5.2), *wenn gilt:*

$$\left.\begin{array}{l} F^2_x(u_0)\,(u - u_0) - \langle B(u - u_0), y + f\rangle + \big(h(u - u_0); y(0)\big)_H \geqq 0 \quad \text{für alle} \quad u \in U_0\,, \\ \text{wobei } y \text{ die eindeutig bestimmte Lösung der adjungierten Evolutionsgleichung} \\ -y' + A^*y = f^* - A^*f\,, \qquad y(T) = g_h\big(x_0(T)\big) \quad \text{ist}\,. \end{array}\right\} \tag{5.3}$$

Beweis: Die Notwendigkeit der Bedingung (5.3) erhalten wir aus Satz 11, indem wir die Richtungsgrenzwerte ΔF, ΔA Δh setzen wie in (4.11).

Wir zeigen also den hinreichenden Charakter dieser Bedingung. Offenbar ist die Bedingung (5.3) identisch zur folgenden:

$$\min_{u \in U_0} \{F^2(u) - \langle Bu, y + f\rangle + \big(hu; y(0)\big)_H\} = F^2(u_0) - \langle Bu_0, y + f\rangle + \big(hu_0; y(0)\big)_H\,. \tag{5.4}$$

Dies gilt wegen der Konvexität und Gâteaux-Differenzierbarkeit von F^2 und wegen der Linearität von B und h.

Sei $(x_0, u_0) \in W \times U_0$ optimal und $(x, u) \in W \times U_0$ eine weitere Lösung der Prozeßgleichung. Wir erhalten:

$$\begin{aligned} F(x, u) - F(x_0, u_0) &= g\big(x(T)\big) - g\big(x_0(T)\big) + F^1(x) - F^1(x_0) + F^2(u) - F^2(u_0) \geqq \\ &\geqq \big(g_h(x_0(T)); x(T) - x_0(T)\big)_H + F^1_x(x_0)\,(x - x_0) + F^2(u) - F^2(u_0) \\ &= F^2(u) - F^2(u_0) + \big(g_h(x_0(T)); x(T) - x_0(T)\big)_H + \langle f^*, x - x_0\rangle + \langle x' - x_0', f\rangle\,, \end{aligned}$$

$$\begin{aligned} \langle f^*, x - x_0\rangle + \langle x' - x_0', f\rangle &= \langle f^*, x - x_0\rangle + \langle -A(x - x_0) - B(u - u_0), f\rangle \\ &= \langle f^* - A^*f, x - x_0\rangle + \langle -B(u - u_0), f\rangle \\ &= \langle -y' + A^*y, x - x_0\rangle + \langle -B(u - u_0), f\rangle \\ &= \langle -y', x - x_0\rangle + \langle A(x - x_0), y\rangle + \langle -B(u - u_0), f\rangle \\ &= \langle x' - x_0', y\rangle + \big(x(0) - x_0(0); y(0)\big)_H - \big(x(T) - x_0(T); y(T)\big) + \\ &\quad + \langle A(x - x_0), y\rangle + \langle -B(u - u_0), f\rangle \\ &= \langle x' - x_0' + A(x - x_0), y\rangle + \langle -B(u - u_0), f\rangle + \big(h(u - u_0); y(0)\big)_H - \\ &\quad - \big(x(T) - x_0(T); g_h(x_0(T))\big)_H \\ &= \langle -B(u - u_0), y + f\rangle + \big(h(u - u_0); y(0)\big)_H - \big(x(T) - x_0(T); g_h(x_0(T))\big)_H\,. \end{aligned}$$

Damit folgt insgesamt:

$$F(x, u) - F(x_0, u_0) \geqq F^2(u) - F^2(u_0) + \langle -B(u - u_0), y + f\rangle + \big(h(u - u_0); y(0)\big)_H \geqq 0\,,$$

letzteres wegen der geltenden Bedingung (5.4).

6. Eine punktweise Formulierung der Optimalitätsbedingungen

Wir wollen folgendes voraussetzen:

$$U = L_p(S; E)\,, \qquad 2 \leqq p \leqq \infty\,, \qquad U_0 = \{u \in U \mid u(t) \in E_0 \text{ für fast alle } t \in S\}\,,$$

wobei E_0 eine konvexe Teilmenge des Banach-Raumes E,

$$\left.\begin{array}{l} h(u) \equiv a_0 \in H \quad \text{für alle} \quad u \in U\,, \\ A(x, u)\,(t) = a\big(t, x(t), u(t)\big)\,, \qquad t \in S\,, \qquad x \in X\,, \qquad u \in U\,, \\ \text{mit einer Abbildung } a\colon S \times V \times E \to V^*\,, \\ F(x, u) = \int_S f\big(t, x(t), x'(t), u(t)\big)\,dt\,, \qquad x \in W\,, \qquad u \in U\,, \\ \text{mit einer Abbildung } f\colon S \times V \times V^* \times E \to R\,. \end{array}\right\} \tag{6.1}$$

Unsere Aufgabe lautet nun:

$$\left.\begin{array}{l} g\big(x(T)\big) + \int_S f\big(t, x(t), x'(t), u(t)\big)\,dt = \min! \\ \text{bei} \quad x'(t) + a\big(t, x(t), u(t)\big) = 0\,, \qquad x(0) = a_0\,,\text{[8]} \\ u \in L_p(S; E)\,, \qquad u(t) \in E_0 \qquad \text{für fast alle} \quad t \in S\,. \end{array}\right\} \tag{6.2}$$

Wir werden im folgenden Satz 11 anwenden, indem wir die Richtungsgrenzwerte ΔF und ΔA durch (schwache) Gâteaux-Ableitungen nach $u \in U$ realisieren und dabei folgende Variationen verwenden:

$$u_k(t) := \begin{cases} u_0(t) + \gamma_k\big(u - u_0(t)\big) & t \in [t_1, t_2]\,, \\ u_0(t) & t \in S \setminus [t_1, t_2]\,, \end{cases} \tag{6.3}$$

---

[8]) Eine Randbedingung $x(0) - x(T) = a_0$ ist analog zu betrachten.

wobei $t_1 < t_2$, $t_1, t_2 \in S$ und $u \in E_0$ beliebig seien können. Für die Existenz der (schwachen) Gâteaux-Ableitungen nach $u \in U$ und für die Erfüllung der Differenzierbarkeitsforderungen bzgl. x an F und A formulieren wir Bedingungen, die sich aus dem Studium der Nemyzki-Operatoren ergeben haben.

In [14], Kap. 4 wurden Nemyzki-Operatoren der Gestalt B: $L_p(S; Y) \to L_{p'}(S; Z)$ betrachtet, wobei $1 \leqq p$, $p' \leqq \infty$, S eine meßbare Menge des R^n, Y, Z Banach-Räume und B punktweise definiert durch $b\colon S \times Y \to Z$. Dabei wurden Fragen beantwortet wie: wann ist B wohldefiniert, wann stetig oder demistetig, wann Fréchet- oder (schwach) Gâteaux-differenzierbar.

Der folgende Satz liefert die angekündigte notwendige Optimalitätsbedingung für Aufgabe (6.2).

Satz 13: *Es sei* $U = L_\infty(S; E)$. *Es seien folgende Voraussetzungen erfüllt:*

1) $f(\cdot, v, v^*, e)\colon S \to R$ *sei meßbar für alle* $v \in V$, $v^* \in V^*$, $e \in E$. f *sei Fréchet-differenzierbar nach* $v \in V$ *und nach* $v^* \in V^*$, *sowie Gâteaux-differenzierbar nach* $e \in E$. *Die Ableitungen* $f_v(t, \cdot)\colon V \times V^* \times E \to V^*$, $f_{v^*}(t, \cdot)\colon V \times V^* \times E \to V$ *und* $f_e(t, \cdot)\colon V \times V^* \times E \times E \to R$ *seien stetig für fast alle* $t \in S$. *Es mögen folgende Abschätzungen gelten:*

1.1) $|f(t, v, v^*, e)| \leqq \alpha_i(t) + \beta_i(\|v\|_V^2 + \|v^*\|_{V^*}^2)$ *mit* $\alpha_i \in L_1(S)$, $\beta_i \geqq 0$.

1.2) $\|f_v(t, v, v^*, e)\|_{V^*} \leqq \delta_i(t) + \mu_i(\|v\|_V + \|v^*\|_{V^*})$ *mit* $\delta_i \in L_2(S)$, $\mu_i \geqq 0$,

1.3) $\|f_{V^*}(t, v, v^*, e)\|_V \leqq \hat{\delta}_i(t) + \hat{\mu}_i(\|v\|_V + \|v^*\|_{V^*})$ *mit* $\hat{\delta}_i \in L_2(S)$, $\hat{\mu}_i \leqq 0$,

1.4) $\|f_e(t, v, v^*, e)\|_{E^*} \leqq \hat{\alpha}_i(t) + \hat{\beta}_i(\|v\|_V^2 + \|v^*\|_{V^*}^2)$ *mit* $\hat{\alpha}_i \in L_1(S)$, $\hat{\beta}_i \geqq 0$,

und zwar für fast alle $t \in S$, *für alle* $v \in V$, $v^* \in V^*$ *und für alle* $e \in E$ *mit* $\|e\|_E \leqq i$ *(i durchläuft* N, *die Menge der natürlichen Zahlen).*

2) $a(\cdot, v, e)\colon S \to V^*$ *sei meßbar für alle* $v \in V$, $e \in E$. a *sei schwach Gâteaux-differenzierbar nach* $v \in V$ *und nach* $e \in E$. *Die Ableitungen* $a_v(t, \cdot)\colon V \times E \times V \to V^*$ *und* $a_e(t, \cdot)\colon V \times E \times E \to V^*$ *seien demistetig,* $a_v^*(t, \cdot)\colon V \times E \times V \to V^*$ *sei stetig für fast jedes* $t \in S$. *Folgende Abschätzungen seien erfüllt:*

2.1) $\|a(t, v, e)\|_{V^*} \leqq \eta_i(t) + \varrho_i \cdot \|v\|_V$ *mit* $\eta_i \in L_2(S)$, $\varrho_i \geqq 0$,

2.2) $\|a_v(t, v, e)\|_{\mathcal{L}(V; V^*)} \leqq M_i$ *mit* $M_i > 0$,

2.3) $\|a_e(t, v, e)\|_{\mathcal{L}(E; V^*)} \leqq \hat{\eta}_i(t) + \hat{\varrho}_i\|v\|_V$ *mit* $\hat{\eta}_i \in L_2(S)$, $\hat{\varrho}_i \geqq 0$,

und zwar für fast alle $t \in S$, *für alle* $v \in V$ *und für alle* $e \in E$ *mit* $\|e\|_E \leqq i$ *(i durchläuft* N).

3) $\big(a(t, v_1, e) - a(t, v_2, e); v_1 - v_2\big) + \lambda_i\|v_1 - v_2\|_H^2 \geqq m_i \cdot \|v_1 - v_2\|_V^2$,

und zwar für fast alle $t \in S$, *für alle* $v_1, v_2 \in V$ *und für alle* $e \in E$ *mit* $\|e\|_E \leqq i$, *wobei* $\lambda_i \geqq 0$ *und* $m_i > 0$ $(i \in N)$.

4) $g\colon H \to R$ *sei stetig Fréchet-differenzierbar nach* $h \in H$.

Dafür, daß $(x_0, u_0) \in W \times U_0$ *optimal für die Aufgabe* (6.2) *ist, ist notwendig:*

$$\left.\begin{aligned}
&f_e\big(t, x_0(t), x_0'(t), u_0(t)\big)\,\big(u - u_0(t)\big) - \\
&- \big(a_e(t, x_0(t)\, u_0(t))\,(u - u_0(t)); y(t) + f_{v^*}(t, x_0(t), x_0'(t), u_0(t))\big) \geqq 0 \\
&\textit{für fast alle } t \in S \textit{ und für alle } u \in E_0, \textit{ wobei } y(\cdot) \textit{ die eindeutig bestimmte Lösung von} \\
&-y'(t) + a_v^*\big(t, x_0(t), u_0(t)\big)\, y(t) = f_v\big(t, x_0(t), x_0'(t), u_0(t)\big) - \\
&- a_v^*\big(t, x_0(t), u_0(t)\big)\, f_{v^*}\big(t, x_0(t), x_0'(t), u_0(t)\big), \\
&y(T) = g_h\big(x_0(T)\big) \textit{ ist.}
\end{aligned}\right\} \qquad (6.4)$$

Für die folgende spezielle Aufgabe ist diese notwendige Bedingung auch hinreichend:

$$\left.\begin{aligned}
&g(x(T)) + \int_S \big(f^1(t, x(t), x'(t)) + f^2(t, u(t))\big)\, dt = \min! \\
&\text{bei } \; x'(t) + a(t)\, x(t) + b(t)\, u(t) + b_0 = 0, \qquad x(0) = a_0, \\
&u \in L_\infty(S; E), \qquad u(t) \in E_0 \quad \text{für fast alle} \quad t \in S.
\end{aligned}\right\} \qquad (6.5)$$

Wir setzen dabei (über die Voraussetzungen von Satz 13 hinaus) folgendes voraus:

$$\left.\begin{aligned}
&g\colon H \to R, \qquad f^1(t, \cdot)\colon V \times V^* \to R, \qquad f^2(t, \cdot)\colon E \to R \quad \text{seien konvex}, \\
&a(t)\colon V \to V^*, \qquad b(t)\colon E \to V^* \quad \text{seien linear}, \quad b_0 \in X^*, \qquad a_0 \in H.
\end{aligned}\right\} \qquad (6.6)$$

Die notwendige Optimalitätsbedingung (6.4) für die Aufgabe (6.5) lautet:

$$\left.\begin{aligned}
&f_e^2\big(t, u_0(t)\big)\,\big(u - u_0(t)\big) - \big(b(t)\,(u - u_0(t)); y(t) + f_{v^*}^1(t, x_0(t), x_0'(t))\big) \geqq 0 \\
&\text{für fast alle } t \in S \text{ und alle } u \in E_0, \text{ wobei } y(\cdot) \text{ die eindeutig bestimmte Lösung von} \\
&-y'(t) + a^*(t)\, y(t) = f_v^1\big(t, x_0(t), x_0'(t)\big) - a^*(t)\, f_{v^*}\big(t, x_0(t), x_0'(t)\big), \\
&y(T) = g_h\big(x_0(T)\big) \quad \text{ist},
\end{aligned}\right\} \qquad (6.7)$$

und ist gleichsam hinreichend für die Optimalität von $(x_0, u)_0$.

7. Ein Beispiel

Bei der Betrachtung der abstrakten Aufgaben (1) und (1') wurde der Zusammenhang zwischen Evolutionsgleichungen und gewissen parabolischen Differentialgleichungen zugrunde gelegt. So interpretieren wir die Aufgabe (6.2) als funktionalanalytische Verallgemeinerung der folgenden „klassischen" Aufgabe:

$$\left.\begin{aligned}&\int_\Omega \psi(s, y(T, s))\, ds + \int_S \int_\Omega \varphi(t, s, y(t, s), \dots, D^i y(t, s), \dots, u(t, s))\, ds\, dt = \min!\\ &\text{bei } \frac{\partial y}{\partial t}(t, s) + \sum_{|j| \leq m} (-1)^{|j|} D^j a_j(t, s, y(t, s), \dots, D^i y(t, s), \dots, u(t, s)) = b_0(t, s), \quad t \in S, \quad s \in \Omega,\\ &y(t, s) = 0, \quad t \in S, \quad s \in \partial\Omega,\\ &y(0, s) = a_0(s), \quad s \in \Omega, \quad u(.,.) \in U_0,\end{aligned}\right\} \tag{7.1}$$

wobei $S = [0, T]$, Ω ein beschränktes Gebiet des R^n, mit (nach Calderón) regulärem Rand, b_0 und a_0 gegebene entsprechende Funktionen, $D^j = \frac{\partial^{|j|}}{\partial s_{s_1}^{j_1} \dots \partial s_{s_n}^{j_n}}$ für einen Multiindex $j = (j_1, \dots, j_n)$ mit $\sum_{i=1}^n |j_i| = |j|$ und ψ, φ, a_j reellwertige Funktionen sind.

Für ein „repräsentatives" Beispiel der Aufgabe (7.1) wird in [14], Kap. 7 die Anwendbarkeit der notwendigen Optimalitätsbedingung (hier Satz 13) überprüft. Es ergeben sich eine Reihe von Differenzierbarkeits- und Beschränktheitsforderungen an die Funktionen ψ, φ, a_j.

Die konkrete Ausnutzung der notwendigen Bedingung zur Charakterisierung des optimalen Prozesses (x_0, u_0) bereitet viele Schwierigkeiten, da insbesondere die Lösung der Evolutionsgleichung nur durch eine Existenz- und Eindeutigkeitsaussage und zwar als (schwacher) Grenzwert einer Folge von Näherungslösungen gegeben ist.

Im folgenden Beispiel dagegen können wir sogar die Optimale berechnen, da u. a. für die Lösung der Evolutionsgleichung eine punktweise Darstellung gewonnen werden kann.

Wir betrachten zunächst als „klassische" Aufgabe:

$$\left.\begin{aligned}&\int_\Omega |y(T, s) - w_0(s)|^2\, ds + \int_S \int_\Omega |u(t, s)|^2\, ds\, dt = \min!\\ &\text{bei } \frac{\partial y}{\partial t}(t, s) + Ey(t, s) + u(t, s) = 0, \quad t \in S, \quad s \in \Omega,\\ &y(t, s) = 0, \quad t \in S, \quad s \in \partial\Omega, \quad y(0, s) = a_0(s), \quad s \in \Omega, \quad u \in U_0.\end{aligned}\right\} \tag{7.2}$$

Dabei sei E ein linearer elliptischer Differentialoperator der Ordnung $2m$, und w_0, a_0 seien gegebene Funktionen. Wir betrachten E als Operator aus $H = L_2(\Omega)$ in H mit dem Definitionsbereich $D(E) = \{z \in C^{2m}(\overline{\Omega}) \mid z(s) = 0,\ s \in \partial\Omega\}$. $D(E)$ ist offenbar dicht in H.

Wir setzen nun voraus:

$$\left.\begin{aligned}&1)\ E \text{ ist symmetrisch, d. h. } (Ez_1; z_2)_H = (z_1; Ez_2)_H \text{ für alle } z_1, z_2 \in D(E).\\ &2)\ E \text{ ist positiv definit, d. h. } (Ez; z)_H \geqq \alpha \cdot ||z||_H^2 \text{ für alle } z \in D(E), \text{ wobei } \alpha > 0.\\ &3)\ \text{Der energetische Raum } V^{9)} \text{ sei kompakt in } H \text{ eingebettet.}\end{aligned}\right\} \tag{7.3}$$

Mit diesen Voraussetzungen (7.3) erhalten wir: E besitzt abzählbar viele Eigenwerte λ_n mit $0 < \lambda_1 \leqq \lambda_2 \leqq \dots \leqq \lambda_n \leqq \dots$, $\lambda_n \to \infty$. Wir können das System $\{v_n\}$ der zugehörigen Eigenvektoren v_n so wählen, daß es vollständig in V und H und orthonormiert in H ist.

Beispiel: $(Ev)(s) := -\frac{d^2}{ds^2} v(s)$, $s \in (0, 1)$, $v \in D(E) = \{v \in C^2([0, 1]) \mid v(0) = v(1) = 0\}$. Die Voraussetzungen 1) bis 3) aus (7.3) sind hier erfüllt mit $\alpha = 1$ und $V = \overset{\circ}{W}{}_2^{(1)}(0, 1)$. Für die Eigenwerte und Eigenvektoren findet man bekanntlich:

$$\lambda_n = n^2 \cdot \pi^2, \qquad v_n(s) = \sqrt{2} \cdot \sin(n \cdot \pi \cdot s).$$

Anstelle von (7.2) betrachten wir nun die Aufgabe (1), die hier die spezielle Gestalt wie in (6.5) hat. Diese lautet:

$$||x(T) - w_0||_H^2 + \int_S ||u(t)||_H^2\, dt = \min! \quad \text{bei} \quad x'(t) + ax(t) + u(t) = 0, \quad x(0) = a_0, \quad u \in U_0 = U = L_\infty(S; H). \tag{7.4}$$

Hierbei ist $a\colon V \to V^*$ definiert durch $(av_1; v_2) := [v_1, v_2]$, $v_1, v_2 \in V$ und $w_0, a_0 \in H$ sind fest vorgegeben.

Es gelten alle Voraussetzungen von Satz 13, ebenso ist (6.6) erfüllt, mithin ist die Bedingung (6.7) hinreichend und notwendig für die Optimalität von (x_0, u_0). Diese Bedingung lautet hier:

$$\begin{aligned}&2 \cdot (u_0(t); u - u_0(t))_H - (u - u_0(t); y(t))_H \geqq 0^{10)} \quad \text{für fast alle } t \in S \text{ und alle } u \in H, \text{ wobei}\\ &-y'(t) + ay(t) = 0, \qquad y(T) = 2x_0(T) - 2w_0\end{aligned} \tag{7.5}$$

Wir gewinnen nun eine Darstellung von $x_0(.)$ und $y(.)$. Wir bestimmen zunächst die n-te Galerkin-Lösung. Dazu setzen wir an:

$x_{0n}(t) = \sum_{i=1}^n \beta_{in}(t) \cdot v_i$, und bestimmen $x_{0n}(.)$ als Lösung von

$$(x'_{0n}(t); v_j)_H + (ax_{0n}(t); v_j) = (-u_0(t); v_j)_H,^{10)} \qquad j = 1, \dots, n, \qquad x_{0n}(0) = \sum_{i=1}^n (a_0; v_i)_H \cdot v_i. \tag{7.6}$$

Durch Einsetzen des Ansatzes für $x_{0n}(.)$ erhalten wir als Identität zu (7.6):

$$\beta'_{jn}(t) + \lambda_j \cdot \beta_{jn}(t) = (-u_0(t); v_j)_H, \qquad \beta_{jn}(0) = (a_0; v_j)_H, \qquad j = 1, \dots, n. \tag{7.7}$$

---

[9] $[z_1, z_2] := (Ez_1; z_2)_H$, $z_1, z_2 \in D(E)$, ist ein Skalarprodukt in $D(E)$. Der energetische Raum V ist der Hilbert-Raum, der durch Vervollständigung von $D(E)$ versehen mit $[.,.]$ entsteht. V ist stetig und dicht in H eingebettet. Siehe hierzu in [24], Kap. 5, § 3.

[10] Für $h \in H$, $v \in V$ gilt: $(h; v) = (h; v)_H$.

Mithin erhalten wir die Lösung

$$\beta_{jn}(t) = (a_0; v_j)_H \, e^{-\lambda_j t} - \int_0^t e^{-\lambda_j(t-\tau)} \, (u_0(\tau); v_j)_H \, d\tau ,$$

und damit ergibt sich für $x_{0n}(.)$:

$$x_{0n}(t) = \sum_{i=1}^{n} \left\{ (a_0; v_i)_H \, e^{-\lambda_i t} - \int_0^t e^{-\lambda_i(t-\tau)} \, (u_0(\tau); v_i)_H \, d\tau \right\} \cdot v_i . \qquad (7.8)$$

Aus der Theorie der Evolutionsgleichungen (siehe z. B. [11], Kap. 6) ist bekannt: $x_{0n} \to x_0$ in $C(S; H)$ und in $L_2(S; V)$, wobei x_0 die eindeutig bestimmte Lösung von $x_0'(t) + ax_0(t) + u_0(t) = 0$, $x_0(0) = a_0$ ist. Also ergibt sich für $x_0(.)$ (als Funktion aus $C(S; H)$):

$$x_0(t) = \sum_{i=1}^{\infty} \left\{ (a_0; v_i)_H \, e^{-\lambda_i t} - \int_0^t e^{-\lambda_i(t-\tau)} \, (u_0(\tau); v_i)_H \, d\tau \right\} \cdot v_i \qquad (7.9)$$

(wobei die Konvergenz der Reihe in H gemeint ist.)

Analog erhalten wir für die Lösung der adjungierten Evolutionsgleichung $y(\cdot)$ (ebenso als Funktion aus $C(S; H)$):

$$y(t) = \sum_{i=1}^{\infty} (2x_0(T) - 2w_0; v_i)_H \, e^{-\lambda_i(T-t)} \cdot v_i$$

$$= 2 \sum_{i=1}^{\infty} \left\{ e^{-\lambda_i(2T-t)} \left[(a_0; v_i)_H - \int_0^T e^{\lambda_i \tau} (u_0(\tau); v_i)_H \, d\tau \right] - e^{-\lambda_i(T-t)} (w_0; v_i)_H \right\} \cdot v_i . \qquad (7.10)$$

Die hinreichende und notwendige Optimalitätsbedingung (7.5) ist sicher erfüllt, wenn gilt: $2u_0(t) = y(t)$ für fast alle $t \in S$. Der Ansatz $u_0(t) = \sum_{i=1}^{\infty} \xi_i(t) \cdot v_i$ liefert dann folgende Lösung:

$$\xi_i(t) = \frac{2\lambda_i}{2\lambda_i + 1 - e^{-2\lambda_i T}} \left[e^{-\lambda_i(2T-t)} \, (a_0; v_i)_H - e^{-\lambda_i(T-t)} \, (w_0; v_i)_H \right] . \qquad (7.11)$$

Literatur

1 AHMED, N. U., Optimal control of a class of strongly nonlinear parabolic systems, J. Math. Analysis Appl. **61** (1977), 188—207.

2 AHMED, N. U.; TEO, K. L., Optimal control of systems governed by a class of nonlinear evolution equations in a reflexive Banach space, J. Optimization Theory Appl. **25** (1978), 57—81.

3 BITTNER, L., Necessary optimality conditions for a model of optimal control processes, Banach Center Publ. **1** (1975), 25—32.

4 BITTNER, L., On optimal control of processes governed by abstract functional, integral and hyperbolic differential equations, Math. Operationsforsch. Statist. **6** (1975), 107—134.

5 BITTNER, L., Ein Modell für eine Klasse von Aufgaben optimaler Steuerung, ZAMM **58** (1978), 251—260.

6 BROWDER, F. E., Nonlinear maximal monotone operators in Banach spaces, Math. Ann. **175** (1968), 89—113.

7 Егоров, А. И., Необходимые условия оптимальности для систем с распределёнными параметрами, Матем. Сборник **69(111)** (1966), 3, 371—421.

8 Егоров, Ю. В., Необходимые условия оптимальности управления в Банаховых пространствах, Матем. Сборник **64(106)** (1964), 1, 79—101.

FRIEDMAN, A., Optimal control for parabolic equations, J. Math. Analysis Appl. **18** (1967), 479—491.

9 FRIEDMAN, A., Optimal control in Banach spaces, J. Math. Analysis Appl. **19** (1967), 35—55.

10 GAJEWSKI, H.; GRÖGER, K.; ZACHARIAS, K., Nichtlineare Operatorgleichungen und Operatordifferentialgleichungen, Akademie-

11 Verlag, Berlin 1974.

Голубь, Н. Н., Оптимальное управление линейными и нелинейными системами с распределёнными пара-

12 метрами, Автомат. Телемех. **30** (1969), 9, 16—28.

Голубь, Н. Н., Оптимальное управление нелинейными системами с распределёнными параметрами, Авто-

13 мат. Телемех. **30**, (1969) 10, 35—44.

14 KAMPOWSKY, W., Notwendige Optimalitätsbedingungen für Prozesse in Evolutionsgleichungen, Dissertation A, Ernst-Moritz-Arndt-Universität, Greifswald 1979.

15 KLUGE, R., Nichtlineare Variationsungleichungen und Extremalaufgaben, VEB Deutscher Verlag der Wissenschaften, Berlin 1979.

16 KLUGE, R.; LANGMACH, H., On the determination of some rheologic properties of mechanical media. In: KLUGE, R. (Ed.), Theory of Nonlinear Operators (Proc. Summer School Berlin 1977), Abh. Akad. Wiss. DDR Jahrg. 1978 Nr. 6N, Akademie-Verlag, Berlin 1978, 141—158.

17 LANGMACH, H., On the determination of functional parameters in some parabolic differential equations. In: KLUGE, R. (Ed.), Theory of Nonlinear Operators (Proc. Summer School Berlin 1977), Abh. Akad. Wiss. DDR Jahrg. 1978 Nr. 6N, Akademie-Verlag, Berlin 1978, 175—184.

18 LIONS, J. L., Contrôle optimal de systèmes gouvernés par des équations aux dérivées partielles, Dunod Gauthier-Villars, Paris 1968 (russ. Übers.: Verlag „Mir", Moskau 1972).

19 LIONS, J. L., Quelques méthodes de résolution des problèmes aux limites non linéaires, Dunod Gauthier-Villars, Paris 1969 (russ. Übers.: Verlag „Mir", Moskau 1972).

20 LIONS, J. L. — (Лионс, Ж. Л.), Об оптимальном управлении распределёнными системами, Успехи матем. Наук **28** (1973), 4 (172), 15—46.

21 LIONS, J. L., Remarks on the theory of optimal control of distributed systems. In: AZIZ, K.; WINGATE, J. M.; BALAS, M. J. (eds.), Control Theory of Systems governed by Partial Differential Equations, Academic Press, London-New York 1977, 1—103.

22 LIONS, J. L.; MAGENES, E., Problèmes aux limites non homogènes et applications. Vol. I, Dunod, Paris 1968 (russ. Übers.: Verlag „Mir", Moskau 1971).

23 Матвеев, А. С.; Якубович, В. А., Оптимальное управление некоторыми системами с распределёнными параметрами, Сибир. матем. Журн. **19** (1978), 5 (111), 1109—1140.

24 MICHLIN, S. G., Partielle Differentialgleichungen der mathematischen Physik, Akademie-Verlag, Berlin 1978 (Übers. aus dem Russ.).
25 SCHMIDT, W., Notwendige Optimalitätsbedingungen für Prozesse mit zeitvariablen Integralgleichungen in Banach-Räumen, ZAMM 60 (1980), 595–608.
26 v. WOLFERSDORF, L., Optimale Steuerung einer Klasse nichtlinearer Aufheizungsprozesse, ZAMM 55 (1975), 353–362.
27 v. WOLFERSDORF, L., Optimal control for processes governed by midly nonlinear differential equations of parabolic type. I; II, ZAMM 56 (1976), 531–538; 57 (1977), 11–17.
28 v. WOLFERSDORF, L., On optimal control and identification of processes governed by parabolic differential equations of second order, ZAMM 57 (1977), 315–322.
29 ZEIDLER, E., Vorlesungen über nichtlineare Funktionalanalysis. II: monotone Operatoren, Teubner-Verlag, Leipzig 1977.

Eingereicht: 2. 10. 1980, korrigierte Fassung: 15. 1. 1981

Anschrift: Dr. WINFRIED KAMPOWSKY, Ernst-Moritz-Arndt-Universität Greifswald, Sektion Mathematik, Friedrich-Ludwig-Jahn-Straße 15a, DDR-2200 Greifswald

ZAMM 61, 513–519 (1981)

K. Gröger / R. Hünlich

On the Theory of Diffusion Processes in Viscoelastic Media

Die Arbeit behandelt Anfangswertprobleme, die Diffusionsprozesse in viskoelastischen Medien beschreiben. Unter Benutzung der Theorie der maximal monotonen Operatoren in Hilbert-Räumen wird gezeigt, daß diese Probleme eindeutig lösbar sind. Darüber hinaus wird die Konvergenz eines Näherungsverfahrens bewiesen.

The paper deals with initial value problems describing diffusion processes in viscoelastic media. By means of the theory of maximal monotone operators in Hilbert spaces it is shown that these problems are uniquely solvable. Moreover, the convergence of an approximation method is proved.

Работа посвящена задачамкощи, описывающим диффузионные процессы в вязкоупругих средах. Показывается с помощью теории максимально-монотонных операторов в пространствах Гильберта, что эти задачи однозначно разрешимы. Кроме этого доказывается сходимость приближенного метода.

Introduction

In this paper we deal with mathematical problems arising in connection with diffusion processes in viscoelastic media. We will show that the theory of monotone operators in Hilbert spaces is a useful tool for the investigation of such problems. This theory leads to existence-uniqueness results as well as to results on the convergence of practicable approximation methods. Diffusion processes in viscoelastic media are of interest for example for the production of special kinds of glass.

The paper consists of four sections. In the first section we introduce the notation used later on. The second section is devoted to the precise formulation of the problem we are interested in. We start with relatively simple (possibly nonlinear) constitutive relations describing simultaneous diffusion and deformation in a viscoelastic body. After that we proceed to a rather abstract formulation of the basic problem using only those properties of the constitutive relations that are essential for our purposes. This approach has the advantage that our results are applicable not only to the special case mentioned before but also to various other systems. In Section 3 of the paper we prove that the basic problem formulated in Section 2 can be reduced to a standard problem investigated in the theory of evolution equations associated to monotone operators. Using this theory we obtain results on existence, uniqueness and regularity of diffusion-deformation processes. In Section 4 we show how standard methods such as discretization of time, iteration procedures and Galerkin's method can be used to obtain approximative solutions to the original problem.

1. Notation

In this section we introduce the basic notation used in the following.

Let X be a Hilbert space. By X^* we denote its dual and by $\langle\cdot,\cdot\rangle$ the dual pairing of X^* and X. For the norm and the scalar product on X we write $\|\cdot\|_X$ and $(\cdot,\cdot)_X$, respectively. Throughout the paper $S := [0, T]$ denotes a finite interval of time. By $L^2(S; X)$ we denote the space of all square integrable X-valued functions defined on S equipped with its usual scalar product. Furthermore we define

$$H^1(S; X) := \{u \in L^2(S; X) \mid u' \in L^2(S; X)\}\ ,$$

where u' denotes the derivative of u with respect to time in the sense of distributions. $H^1(S; X)$ is a Hilbert space with the scalar product

$$(u, v)_{H^1(S;X)} := (u, v)_{L^2(S;X)} + (u', v')_{L^2(S;X)}\ .$$

If X_1, X_2 are two Hilbert spaces we denote by $\mathcal{L}(X_1; X_2)$ the space of all linear continuous mappings from X_1 into X_2. If $L \in \mathcal{L}(X_1; X_2)$ we denote by L^* the adjoint operator to L and by $\operatorname{Im} L$ and $\operatorname{Ker} L$ the image and the kernel of L, respectively. The notation I_X is used for the identity map of the space X. To any operator $A: D(A) \subset X_1 \to X_2$ there is associated an operator $A_S: D(A_S) \subset L^2(S; X_1) \to L^2(S; X_2)$ defined by

$$D(A_S) := \{u \in L^2(S; X_1) \mid u(t) \in D(A) \quad \text{for a.e.} \quad t \in S; \quad Au(\cdot) \in L^2(S; X_2)\}\ ,$$

$$\forall u \in D(A_S): \quad (A_S u)(t) := Au(t) \quad \text{for a.e.} \quad t \in S\ .$$

For the sake of simplicity we shall write A instead of A_S. This will not lead to misunderstandings.

In what follows we shall use also basic notions and results from convex analysis and the theory of monotone operators (see e.g. Brézis [1] and Gajewski, Gröger, Zacharias [3]).

2. Formulation of the problem

We start this section with an example of simple constitutive relations for a diffusion process in a three-dimensional viscoelastic body. For this example we use the following notation:

u displacement,
ε_e elastic deformation, d_e deviator of ε_e,
ε_v viscous deformation, d_v deviator of ε_v,
σ stress, s deviator of σ,
c concentration, μ chemical potential,
$G \subset \mathbb{R}^3$ bounded regular domain occupied by the viscoelastic body,
Γ part of the boundary ∂G such that $\int_{\partial G} d\gamma > \int_{\Gamma} d\gamma > 0$,
where $d\gamma$ denotes the surface measure,
$\mathcal{S}$ space of symmetric 3×3 matrices,

$$\operatorname{tr} \sigma := \sum_{i=1}^{3} \sigma_{ii}, \qquad |\sigma| := \left(\sum_{i,j=1}^{3} \sigma_{ij}^2 \right)^{1/2} \quad \text{if } \sigma \in \mathcal{S}.$$

With this notation we can write the constitutive relations announced at the beginning as follows:

$$\left.\begin{aligned} &\frac{1}{3} \operatorname{tr} \sigma = a_0 \operatorname{tr} \varepsilon_e + \alpha c, \\ &s = a(|d_e|)\, d_e, \\ &\mu = \alpha \operatorname{tr} \varepsilon_e + a_1 c, \end{aligned}\right\} \text{ generalized Hooke's law},$$

$$\operatorname{tr} \varepsilon_v' = 0, \qquad d_v' = \eta(s - b(|d_v|)\, d_v) \qquad \text{viscoelasticity law},$$

$$\left.\begin{aligned} &c' = \operatorname{div} (\lambda \operatorname{grad} \mu), \\ &\lambda \frac{\partial \mu}{\partial n} = -\varkappa(\mu - \mu^*) \quad \text{on} \quad \partial G \setminus \Gamma, \\ &\frac{\partial \mu}{\partial n} = 0 \quad \text{on } \Gamma. \end{aligned}\right\} \text{ diffusion equation}.$$

We assume that $a_0, a_1, \alpha, \eta, \lambda, \varkappa, \mu^*$ are positive constants such that $\alpha^2 \leqq a_0 a_1$ and that $a, b\colon [0, +\infty] \to [0, +\infty]$ are functions satisfying for suitable constants m and M the conditions

$$0 < m \leqq \frac{a(r)\, r - a(t)\, t}{r - t} \leqq M, \qquad 0 \leqq \frac{b(r)\, r - b(t)\, t}{r - t} \leqq M \quad \text{if} \quad r > t \geqq 0.$$

Note that we allow the elasticity laws to be nonlinear whereas the viscosity law and the diffusion law are linear. In contrast to this Hünlich [8] and Gröger [5] considered combinations of linear elasticity laws and nonlinear dissipation laws.

In order to find a precise formulation of the class of problems we are interested in we introduce the following function spaces:

$U := \{u \in H^1(G; \mathbb{R}^3) \mid u_\Gamma = 0\}$ space of displacements,
$Y := L^2(G; \mathcal{S})$ space of deformations and stresses,
$H := L^2(G)$ space of concentrations,
$V := H^1(G)$ space of chemical potentials.

We endow these spaces with their usual scalar products. Then

$$\begin{aligned} &U, Y, H, V \quad \text{are Hilbert spaces}, \qquad Y^* = Y, \qquad H^* = H, \\ &V \subset H \subset V^* \quad \text{densely and continuously}. \end{aligned} \tag{H1}$$

We define operators A, B, C, D by

$$A \begin{pmatrix} \varepsilon_e \\ c \end{pmatrix} := \begin{pmatrix} (a_0 \operatorname{tr} \varepsilon_e + \alpha c)\, \delta + a(|d_e|)\, d_e \\ \operatorname{tr} \varepsilon_e + a_1 c \end{pmatrix} \quad \text{for} \quad \begin{pmatrix} \varepsilon_e \\ c \end{pmatrix} \in Y \times H,$$

where $\delta = (\delta_{ij})$, δ_{ij} Kronecker's symbol;

$B(\varepsilon_v) := b(|d_v|)\, d_v$ for $\varepsilon_v \in Y$;

$C\sigma := \eta s$ for $\sigma \in Y$;

$\langle D\mu, \bar{\mu} \rangle := \int_G \lambda \operatorname{grad} \mu \operatorname{grad} \bar{\mu}\, dx + \int_{\partial G \setminus \Gamma} \varkappa \mu \bar{\mu}\, d\gamma$ for $\mu, \bar{\mu} \in V$.

Then

$A\colon Y \times H \to Y \times H$ is strongly monotone, Lipschitzian and potential, (H2)

$B\colon Y \to Y$ is monotone, Lipschitzian and potential, (H3)

$C \in \mathcal{L}(Y; Y)$ is symmetric and positive, (H4)

$D \in \mathcal{L}(V; V^*)$ is symmetric and positive definite. (H5)

For the proof of (H2), (H3) see Gajewski, Gröger, Zacharias [3], Ch. III. Moreover we define $q \in L^2(S; V^*)$ by

$$\langle q(t), \bar{\mu} \rangle := \int_{\partial G \setminus \Gamma} \varkappa \mu^* \bar{\mu}\, d\gamma \quad \text{for} \quad \bar{\mu} \in V,$$

and we assume that we are given initial values $\varepsilon_v^0 \in Y$ and $c^0 \in H$. Now we can formulate the constitutive relations precisely as follows:

$$\varepsilon_e, \sigma \in L^2(S; Y), \quad \varepsilon_v \in H^1(S; Y), \quad c \in H^1(S; V^*) \cap L^2(S; H), \quad \mu \in L^2(S; V), \tag{1}$$

$$A\begin{pmatrix}\varepsilon_e\\ c\end{pmatrix} = \begin{pmatrix}\sigma\\ \mu\end{pmatrix}, \quad \varepsilon_v' = C(\sigma - B\varepsilon_v), \quad c' = q - D\mu, \quad \varepsilon_v(0) = \varepsilon_v^0, \quad c(0) = c^0. \tag{2}$$

We have to supplement these relations by compatibility and equilibrium conditions. To this end we define $K \in \mathcal{L}(U; Y)$ by

$$(Ku)_{ij} := \frac{1}{2}\left(\frac{\partial u_i}{\partial x_j} + \frac{\partial u_j}{\partial x_i}\right), \quad i, j = 1, 2, 3, \quad \text{for} \quad u \in U.$$

In view of Korn's inequality (see Hlaváček, Nečas [7])

$$K \in \mathcal{L}(U; Y), \quad \forall u \in U: \quad \|u\|_U \leq \text{const}\, \|Ku\|_Y. \tag{H6}$$

The deformation $\varepsilon_e + \varepsilon_v$ is *compatible* (in the sense of the theory of "small" deformations) if and only if there exists a displacement u such that

$$u \in L^2(S; U), \quad \varepsilon_e + \varepsilon_v = Ku. \tag{3}$$

If there are no external forces acting on the body then we have *quasi-static equilibrium* if and only if

$$\forall h \in U: \langle \sigma(t), Kh\rangle = 0 \quad \text{for} \quad a.\,e.\ t \in S$$

(principle of virtual work), i.e., if

$$K^*\sigma = 0. \tag{4}$$

In what follows we deal with the problem (1)—(4), which we denote shortly by (P), using only the hypotheses (H1)—(H6). We shall use also another formulation of problem (P). Let $Y_0 := \operatorname{Ker} K^*$ (equipped with the scalar product of Y) and let I_0 denote the embedding operator from Y_0 into Y. Then I_0^* is the orthogonal projection of Y onto Y_0. Since $Y = \operatorname{Im} K \oplus \operatorname{Ker} K^*$ problem (P) can be stated as follows: Find functions $\varepsilon_e, \varepsilon_v, \sigma, c, \mu$ such that the relations (1), (2) hold and that

$$\sigma \in L^2(S; Y_0), \quad I_0^*(\varepsilon_e + \varepsilon_v) = 0. \tag{5}$$

If we are given a solution to problem (1), (2), (5), which we denote by (P_0), we can find the function u occurring in problem (P) by

$$u := (K^*K)^{-1} K^*(\varepsilon_e + \varepsilon_v). \tag{6}$$

3. Existence, uniqueness, regularity

The main result of this section is

Theorem 1: *Suppose that the hypotheses* (H1)—(H6) *hold. Then for arbitrary* $\varepsilon_v^0 \in Y$, $c^0 \in H$ *and* $q \in L^2(S; V^*)$ *there exists a unique solution to problem* (P).

The proof of this theorem is based on two lemmas. In these lemmas we use the operators $C_1 := C^{1/2} \in \mathcal{L}(Y; Y)$ and $D_1 := D^{1/2} \in \mathcal{L}(H; V^*)$, which are well defined in view of (H4), (H5). Note that $D_1 \mid V = D_1^* \in \mathcal{L}(V; H)$.

Lemma 1:

i) *The operator* $A_0: Y_0 \times H \to H_0 \times Y$ *defined by*

$$A_0 := \left(\begin{pmatrix}I_0^* & 0\\ 0 & I_H\end{pmatrix} A^{-1} \begin{pmatrix}I_0 & 0\\ 0 & I_H\end{pmatrix}\right)^{-1}$$

is strongly monotone, Lipschitzian and potential.

ii) *The operator* $E: Y \times V \to Y \times V^*$ *defined by*

$$E\begin{pmatrix}y\\ v\end{pmatrix} := \begin{pmatrix}C_1 I_0 & 0\\ 0 & D_1\end{pmatrix} A_0 \begin{pmatrix}I_0^*(C_1 y - \varepsilon_v^0)\\ D_1 v\end{pmatrix} - \begin{pmatrix}C_1 B(\varepsilon_v^0 - C_1 y)\\ 0\end{pmatrix} \quad \textit{for} \quad \begin{pmatrix}y\\ v\end{pmatrix} \in Y \times V \tag{7}$$

is monotone, Lipschitzian and potential.

iii) *If* φ *is a potential to* E *then* $\Phi: Y \times H \to]-\infty, +\infty]$ *defined by*

$$\Phi\begin{pmatrix}y\\ v\end{pmatrix} := \begin{cases}\varphi\begin{pmatrix}y\\ v\end{pmatrix} & \textit{if} \quad \begin{pmatrix}y\\ v\end{pmatrix} \in Y \times V,\\ +\infty & \textit{elsewhere},\end{cases}$$

is convex, lower semicontinuous and proper.

iv) $$\begin{pmatrix}z\\ w\end{pmatrix} \in \partial\Phi\begin{pmatrix}y\\ v\end{pmatrix} \Leftrightarrow \begin{pmatrix}y\\ v\end{pmatrix} \in Y \times V, \quad \begin{pmatrix}z\\ w\end{pmatrix} = E\begin{pmatrix}y\\ v\end{pmatrix} \in Y \times H.$$

Proof: The assertions i) and ii) follow from (H2)—(H5) by standard arguments (see [3], Ch. III). Obviously, Φ is convex and proper. Moreover, $\varphi\colon Y \times V \to \mathbb{R}$ is continuous. Therefore in order to prove iii) it suffices to show that

$$\begin{pmatrix} y_i \\ v_i \end{pmatrix} \to \begin{pmatrix} y \\ v \end{pmatrix} \quad \text{in} \quad Y \times H, \qquad \lim_{i\to\infty} \varphi\begin{pmatrix} y_i \\ v_i \end{pmatrix} < \infty \Rightarrow \begin{pmatrix} y_i \\ v_i \end{pmatrix} \rightharpoonup \begin{pmatrix} y \\ v \end{pmatrix} \quad \text{in} \quad Y \times V. \tag{8}$$

For arbitrary $\begin{pmatrix} y \\ v \end{pmatrix} \in Y \times V$ we have (cf. (7) and (H5))

$$\varphi\begin{pmatrix} y \\ v \end{pmatrix} - \varphi(0) = \int_0^1 \left\langle E\begin{pmatrix} ty \\ tv \end{pmatrix} - E(0),\ \begin{pmatrix} y \\ v \end{pmatrix}\right\rangle \mathrm{d}t \geqq m_0 \|D_1 v\|_H^2 \geqq m_1 \|v\|_V^2, \qquad m_1 > 0.$$

This implies that a sequence $\begin{pmatrix} y_i \\ v_i \end{pmatrix}$ satisfying the premises of (8) is bounded in $Y \times V$ and therefore weakly convergent to $\begin{pmatrix} y \\ v \end{pmatrix}$ in $Y \times V$. The assertion iv) follows easily from the definition of Φ.

Lemma 2: *Let $\varepsilon_e, \varepsilon_v, \sigma, c, \mu$ be a solution to* (P_0) *and let* $\begin{pmatrix} y \\ v \end{pmatrix} \in L^2(S; Y \times V)$ *be defined by*

$$\forall t \in S\colon \quad y(t) := -C_1 \int_0^t (\sigma - B\varepsilon_v)(\tau)\,\mathrm{d}\tau, \qquad v := D_1^{-1} c. \tag{9}$$

Then $\begin{pmatrix} y \\ v \end{pmatrix}$ *is a solution to*

$$\begin{pmatrix} y' \\ v' \end{pmatrix} + \partial\Phi\begin{pmatrix} y \\ v \end{pmatrix} = \begin{pmatrix} 0 \\ D_1^{-1} q \end{pmatrix}, \qquad \begin{pmatrix} y \\ v \end{pmatrix}(0) = \begin{pmatrix} 0 \\ D_1^{-1} c^0 \end{pmatrix}, \qquad \begin{pmatrix} y \\ v \end{pmatrix} \in H^1(S; Y \times H). \tag{10}$$

Conversely, let $\begin{pmatrix} y \\ v \end{pmatrix}$ *be a solution to* (10) *and let $\varepsilon_e, \varepsilon_v, \sigma, c, \mu, \bar{c}$ be defined by*

$$\varepsilon_v := -C_1 y + \varepsilon_v^0, \qquad c := D_1 v \qquad \begin{pmatrix} \sigma \\ \mu \end{pmatrix} := A_0 \begin{pmatrix} -I_0^* \varepsilon_v \\ c \end{pmatrix}, \qquad \begin{pmatrix} \varepsilon_e \\ \bar{c} \end{pmatrix} := A^{-1} \begin{pmatrix} \sigma \\ \mu \end{pmatrix}.$$

Then $\bar{c} = c$ and $\varepsilon_e, \varepsilon_v, \sigma, c, \mu$ form a solution to (P_0).

Proof: Since D_1^{-1} maps $H^1(S; V^*)$ into $H^1(S; H)$ from (1) and (9) it follows that $\begin{pmatrix} y \\ v \end{pmatrix} \in H^1(S; Y \times H)$. The initial condition for $\begin{pmatrix} y \\ v \end{pmatrix}$ is obviously satisfied. Furthermore (cf. $(2)_1$, (5) and the definition of A_0)

$$\begin{pmatrix} I_0^* \varepsilon_e \\ c \end{pmatrix} = A_0^{-1} \begin{pmatrix} \sigma \\ \mu \end{pmatrix}, \qquad A_0 \begin{pmatrix} -I_0^* \varepsilon_v \\ c \end{pmatrix} = \begin{pmatrix} \sigma \\ \mu \end{pmatrix}.$$

Using this and the relation $C_1 y - \varepsilon_v^0 = -\varepsilon_v$ (following from $(9)_1$ and $(2)_2$) we obtain

$$E\begin{pmatrix} y \\ v \end{pmatrix} = \begin{pmatrix} C_1 I_0 & 0 \\ 0 & D_1 \end{pmatrix} A_0 \begin{pmatrix} -I_0^* \varepsilon_v \\ c \end{pmatrix} - \begin{pmatrix} C_1 B \varepsilon_v \\ 0 \end{pmatrix} = \begin{pmatrix} C_1(\sigma - B\varepsilon_v) \\ D_1 \mu \end{pmatrix} = \begin{pmatrix} -y' \\ D_1^{-1}(q - c') \end{pmatrix} = -\begin{pmatrix} y' \\ v' \end{pmatrix} + \begin{pmatrix} 0 \\ D_1^{-1} q \end{pmatrix}.$$

In view of Lemma 1, iv) this proves that $\begin{pmatrix} y \\ v \end{pmatrix}$ is a solution to (10).

The proof of the second assertion of the lemma uses similar arguments and can therefore be omitted.

Proof of Theorem 1: Lemma 2 yields a bijection from the solutions to problem (P_0) onto the solutions to problem (10). From Lemma 1 it follows that $\partial\Phi$ is a maximal monotone mapping in $Y \times H$. Furthermore we have $\Phi\begin{pmatrix} 0 \\ D_1^{-1} c_0 \end{pmatrix} < \infty$. Therefore the unique solvability of (10) follows from a standard result on evolution equations involving maximal monotone operators (see BRÉZIS [1], Th. 3.6).

Remark 1: Let $\varepsilon_e, \varepsilon_v, \sigma, c, \mu$ be the solution to problem (P_0) corresponding to the data $q \in L^2(S; V^*)$ and $\varepsilon_v^0 \in Y$, $c^0 \in H$. Then the mapping $(q, \varepsilon_v^0, c^0) \to (\varepsilon_e, \varepsilon_v, \sigma, c, \mu)$ is continuous from $L^2(S; V^*) \times Y \times H$ into

$$L^2(S; Y) \times H^1(S; Y) \times L^2(S; Y_0) \times (H^1(S; V^*) \cap L^2(S; H)) \times L^2(S; V).$$

This can be proved by standard arguments.

Theorem 2: *Let* (H1)—(H6) *be satisfied and let $q \in H^1(S; V^*)$, $\varepsilon_v^0 \in Y$ and $c^0 \in H$ be given such that* $\begin{pmatrix} \sigma^0 \\ \mu^0 \end{pmatrix} := A_0 \begin{pmatrix} -I_0^* \varepsilon_v^0 \\ c^0 \end{pmatrix} \in Y \times V$. *Then the solution to problem* (P) *the existence of which is guaranteed by Theorem* 1 *has the following regularity properties*:

$$u \in H^1(S; U), \qquad \varepsilon_e, \sigma \in H^1(S; Y), \qquad c, \mu \in H^1(S; H).$$

Proof: Since $\begin{pmatrix}\sigma^0\\ \mu^0\end{pmatrix} \in Y \times V$ we have

$$E\begin{pmatrix}0\\ D_{\mathrm{I}}^{-1}c^0\end{pmatrix} = \begin{pmatrix}C_1(\sigma^0 - B\varepsilon_v^0)\\ D_1\mu^0\end{pmatrix} \in Y \times H\,. \tag{11}$$

Moreover, it is easy to see that $E + m_0 I$ (where I denotes the embedding of $Y \times V$ into $Y \times V^*$) is a strongly monotone continuous mapping from $Y \times V$ into $Y \times V^*$ for every $m_0 > 0$. This fact along with (11) and the relation $D_{\mathrm{I}}^{-1}q \in H^1(S; H)$ implies that the solution $\begin{pmatrix}y\\ v\end{pmatrix}$ to problem (10) belongs to $H^1(S; Y \times V)$ (see GRÖGER [4], cf. also Lemma 1, iv)). The assertions with respect to $\varepsilon_e, \sigma, c, \mu$ now follow from

$$c = D_1 v\,, \qquad \begin{pmatrix}\sigma\\ \mu\end{pmatrix} = A_0\begin{pmatrix}-I_0^*\varepsilon_v\\ c\end{pmatrix}, \qquad \begin{pmatrix}\varepsilon_e\\ c\end{pmatrix} = A^{-1}\begin{pmatrix}\sigma\\ \mu\end{pmatrix}$$

(cf. Lemma 2). The relation $u \in H^1(S; U)$ follows from the previous results and $u = (K^*K)^{-1} K^*(\varepsilon_e + \varepsilon_v)$ (cf. (6)).

4. Approximation methods

In this section we prove that the solution to the basic problem (P) can be approximated by solutions to problems which are obtained by an implicit discretization of time. Furthermore we show how the generally nonlinear "discrete problems" can be reduced to linear problems by means of an iteration method.

For every natural number n we set $h_n := T/n$ and $S_n^k :=](k-1)\,h_n, kh_n]$, $k = 1, \dots, n$. If X is any Hilbert space we denote by $L_n^2(S; X)$ the subspace of $L^2(S; X)$ consisting of all functions which are constant on each subinterval S_n^k. For $w \in L_n^2(S; X)$ we denote by w^k the value of w on S_n^k. We define $\Delta_n^x\colon L_n^2(S; X) \to L_n^2(S; X)$ by

$$\forall w \in L_n^2(S; X)\colon (\Delta_n^x w)^k := \frac{1}{h_n}(w^k - w^{k-1})\,, \qquad k = 1, \dots, n; \qquad w^0 := x\,.$$

We shall approximate problem (P) by

$$\left.\begin{aligned}
&u_n \in L_n^2(S; U)\,, \quad \varepsilon_{en}, \varepsilon_{vn}, \sigma_n \in L_n^2(S; Y)\,, \quad c_n \in L_n^2(S; H)\,, \quad \mu_n \in L_n^2(S; V)\\
&A\begin{pmatrix}\varepsilon_{en}\\ c_n\end{pmatrix} = \begin{pmatrix}\sigma_n\\ \mu_n\end{pmatrix}, \quad \Delta_n^{\varepsilon_v^0}\varepsilon_{vn} = C(\sigma_n - B\varepsilon_{vn})\,, \quad \Delta_n^{c^0}c_n = q_n - D\mu_n\,,\\
&\varepsilon_{en} + \varepsilon_{vn} = Ku_n\,, \quad K^*\sigma_n = 0\,,
\end{aligned}\right\} \tag{P$_n$}$$

where $q_n \in L_n^2(S; V^*)$ is defined by $q_n^k := \dfrac{1}{h_n}\displaystyle\int_{S_n^k} q(t)\,dt$, $k = 1, \dots, n$. This problem can be written more explicitely as follows:

For $k = 1, \dots, n$ we are looking for

$$u_n^k \in U\,, \quad \varepsilon_{en}^k, \varepsilon_{vn}^k, \sigma_n^k \in Y\,, \quad c_n^k \in H\,, \quad \mu_n^k \in V \tag{12}$$

such that

$$\left.\begin{aligned}
&A\begin{pmatrix}\varepsilon_{en}^k\\ c_n^k\end{pmatrix} = \begin{pmatrix}\sigma_n^k\\ \mu_n^k\end{pmatrix}, \quad \frac{1}{h_n}(\varepsilon_{vn}^k - \varepsilon_{vn}^{k-1}) = C(\sigma_n^k - B\varepsilon_{vn}^k)\,,\\
&\frac{1}{h_n}(c_n^k - c_n^{k-1}) = q_n^k - D\mu_n^k\,, \quad \varepsilon_{en}^k + \varepsilon_{vn}^k = Ku_n^k\,, \quad K^*\sigma_n^k = 0\,,
\end{aligned}\right\} \tag{13}$$

where $\varepsilon_{vn}^0 := \varepsilon_v^0$, $c_n^0 := c^0$.

Theorem 3: *Let the hypotheses* (H1)–(H6) *be satisfied and let $q \in L^2(S; V^*)$, $\varepsilon_v^0 \in Y$, $c^0 \in H$. Then for every $n \in \mathbb{N}$ there exists a unique solution $u_n, \varepsilon_{en}, \varepsilon_{vn}, \sigma_n, c_n, \mu_n$ to problem* (P$_n$). *Moreover, if $u, \varepsilon_e, \varepsilon_v, \sigma, c, \mu$ denotes the solution to problem* (P) *then*

$$\left.\begin{aligned}
&u_n \to u \ \ in\ \ L^2(S; U)\,, \quad c_n \to c \ \ in\ \ L^2(S; H)\,, \quad \mu_n \to \mu \ \ in\ \ L^2(S; V)\,,\\
&\varepsilon_{en} \to \varepsilon_e\,, \quad \varepsilon_{vn} \to \varepsilon_v\,, \quad \sigma_n \to \sigma \ \ in\ \ L^2(S; Y)\\
&\Delta_n^{\varepsilon_v^0}\varepsilon_{vn} \to \varepsilon_v' \ \ in\ \ L^2(S; Y)\,, \quad \Delta_n^{c^0}c_n \to c' \ \ in\ \ L^2(S; V^*)\,.
\end{aligned}\right\} \tag{14}$$

Proof: It is easy to check that the relations

$$\begin{pmatrix}y_n^k\\ v_n^k\end{pmatrix} := \begin{pmatrix}-C_1\sum\limits_{l=1}^{k}(\sigma_n^l - B\varepsilon_{vn}^l)\,h_n\\ D_1 c_n^k\end{pmatrix} \tag{15}$$

and

$$\begin{pmatrix}\varepsilon_{vn}\\ c_n\end{pmatrix} := \begin{pmatrix}-C_1 y_n\\ D_1 v_n\end{pmatrix}, \qquad \begin{pmatrix}\sigma_n\\ \mu_n\end{pmatrix} := A_0\begin{pmatrix}-I_0^*\varepsilon_{vn}\\ c_n\end{pmatrix}, \qquad \begin{pmatrix}\varepsilon_{en}\\ \bar{c}_n\end{pmatrix} := A^{-1}\begin{pmatrix}\sigma_n\\ \mu_n\end{pmatrix} \tag{16}$$

define a bijection between the solution to (P$_n$) and to

$$\Delta_n^x\begin{pmatrix}y_n\\ v_n\end{pmatrix} + E\begin{pmatrix}y_n\\ v_n\end{pmatrix} = \begin{pmatrix}0\\ D_{\mathrm{I}}^{-1}q_n\end{pmatrix}, \qquad \begin{pmatrix}y_n\\ v_n\end{pmatrix} \in L_n^2(S; Y \times V), \qquad x := \begin{pmatrix}0\\ D_{\mathrm{I}}^{-1}c^0\end{pmatrix} \tag{17}$$

(cf. Lemma 2). Since $(1/h_n) I + E: Y \times V \to Y \times V$ is strongly monotone and Lipschitzian (I: embedding of $Y \times V$ into $Y \times V^*$), problem (17) is uniquely solvable. This proves the first assertion of the theorem.

From results on discretization methods for initial value problems (see GRÖGER [6] and [5]) it is easily derived that

$$\begin{pmatrix} y_n \\ v_n \end{pmatrix} \to \begin{pmatrix} y \\ v \end{pmatrix} \quad \text{in} \quad L^2(S; Y \times V), \qquad \Delta_n^x \begin{pmatrix} y_n \\ v_n \end{pmatrix} \to \begin{pmatrix} y' \\ v' \end{pmatrix} \quad \text{in} \quad L^2(S; Y \times H), \tag{18}$$

where $\begin{pmatrix} y \\ v \end{pmatrix}$ denotes the solution to (10). In view of (16) and the relation $\Delta_n^{c^0} c_n = q_n - D\mu_n$ from (18) there follow the assertions (14).

Although problem (17) is useful for theoretical purposes it is not convenient for numerical methods since in general D_1 is not known explicitely. Therefore we return to the problem (12), (13). We shall treat this problem for fixed k assuming that ε_{vn}^{k-1} and c_n^{k-1} are known. In order to simplify notation we write $\hat{\varepsilon}_v$, $\hat{c}$ instead of ε_{vn}^{k-1}, c_n^{k-1} and we omit the indices n, k of all other variables. We can state the problem as follows (cf. the end of Section 2):

$$\left.\begin{aligned} &\text{Find } \varepsilon_e, \varepsilon_v \in Y,\ \sigma \in Y_0,\ c \in H,\ \mu \in V \text{ such that } I_0^*(\varepsilon_e + \varepsilon_v) = 0, \\ &A\begin{pmatrix} \varepsilon_e \\ c \end{pmatrix} = \begin{pmatrix} \sigma \\ \mu \end{pmatrix}, \quad \frac{1}{h}(\varepsilon_v - \hat{\varepsilon}_v) = C(\sigma - B\varepsilon_v), \quad \frac{1}{h}(c - \hat{c}) = q - D\mu. \end{aligned}\right\} \tag{19}$$

Lemma 3: *For each $\sigma \in Y$ there exists a unique element $\varepsilon_v \in Y$ such that $\frac{1}{h}(\varepsilon_v - \hat{\varepsilon}_v) = C(\sigma - B\varepsilon_v)$. If we denote this element by $R\sigma$ then R is a monotone Lipschitzian potential operator from Y into Y.*

Proof: Let $Q: Y \to Y$ be defined by

$$Qy := y + C_1B(hC_1y + \hat{\varepsilon}_v) \quad \text{for} \quad y \in Y.$$

In view of (H3), (H4) the operator Q is strongly monotone, Lipschitzian and potential. It is easy to check that

$$\frac{1}{h}(\varepsilon_v - \hat{\varepsilon}_v) = C(\sigma - B\varepsilon_v) \Leftrightarrow \varepsilon_v = \hat{\varepsilon}_v + hC_1QC_1\sigma.$$

The properties of C_1 and Q imply that the operator $R: Y \to Y$ defined by

$$R\sigma := \hat{\varepsilon}_v + hC_1QC_1\sigma$$

is monotone, Lipschitzian and potential.

Remark 2: From Lemma 3 it follows that $(I_Y + hCB)^{-1}$ is single-valued and defined on the whole space Y. In many applications this operator is explicitely known. In the example of Section 2 we can describe $(I_Y + hCB)^{-1}$ easily by means of the inverse function to $t \to (1 + h\eta b(t))\, t$, $t \in [0, +\infty[$. Similarly, in many cases we have A^{-1} explicitely at our disposal. Therefore it makes sense to propose an iteration method requiring the knowledge of $(I_Y + hCB)^{-1}$ and A^{-1}.

We define now $R_0: Y_0 \times H \to Y_0 \times H$ and $L: D(L) \subset Y_0 \times H \to Y_0 \times H$ by

$$R_0\begin{pmatrix} \sigma \\ \mu \end{pmatrix} := \begin{pmatrix} I_0^*RI_0\sigma \\ 0 \end{pmatrix} \quad \text{for} \quad \begin{pmatrix} \sigma \\ \mu \end{pmatrix} \in Y_0 \times H,$$

$$D(L) := \left\{\begin{pmatrix} \sigma \\ \mu \end{pmatrix} \in Y_0 \times V \mid \hat{c} + h(q - D\mu) \in H\right\},$$

$$L\begin{pmatrix} \sigma \\ \mu \end{pmatrix} := \begin{pmatrix} 0 \\ hD\mu - hq - \hat{c} \end{pmatrix} \quad \text{for} \quad \begin{pmatrix} \sigma \\ \mu \end{pmatrix} \in D(L).$$

Lemma 3 implies that R_0 is a monotone Lipschitzian potential operator. Moreover, it is easy to see that L is monotone and that $I_{Y_0 \times H} + L$ is surjective. Hence L is maximal monotone. If we are given a solution ε_e, ε_v, σ, c, μ to (19) then

$$\begin{pmatrix} I_0^*\varepsilon_e \\ c \end{pmatrix} = A_0^{-1}\begin{pmatrix} \sigma \\ \mu \end{pmatrix}, \qquad \varepsilon_v = R\sigma, \qquad \begin{pmatrix} 0 \\ -c \end{pmatrix} = L\begin{pmatrix} \sigma \\ \mu \end{pmatrix}.$$

Thus

$$(A_0^{-1} + R_0 + L)\begin{pmatrix} \sigma \\ \mu \end{pmatrix} = 0, \qquad \begin{pmatrix} \sigma \\ \mu \end{pmatrix} \in D(L). \tag{20}$$

Conversely, if $\begin{pmatrix} \sigma \\ \mu \end{pmatrix}$ satisfies (20), we can determine a solution to (19) by $\varepsilon_v := R\sigma$ and $\begin{pmatrix} \varepsilon_e \\ c \end{pmatrix} := A^{-1}\begin{pmatrix} \sigma \\ \mu \end{pmatrix}$. Since $A_0^{-1} + R_0$ is strongly monotone and Lipschitzian problem (20) is uniquely solvable. Therefore we may consider (20) as the problem to be solved approximatively.

Theorem 4: *Let $0 < r < \frac{2}{M_0}$, where M_0 denotes the Lipschitz constant of $A_0^{-1} + R_0$. If we choose $\begin{pmatrix} \sigma_0 \\ \mu_0 \end{pmatrix} \in Y_0 \times H$ arbitrarily and determine $\begin{pmatrix} \sigma_i \\ \mu_i \end{pmatrix}$, $i = 1, 2, \ldots$, by*

$$\begin{pmatrix} \sigma_i \\ \mu_i \end{pmatrix} + rL\begin{pmatrix} \sigma_i \\ \mu_i \end{pmatrix} = -r(A_0^{-1} + R_0)\begin{pmatrix} \sigma_{i-1} \\ \mu_{i-1} \end{pmatrix} + \begin{pmatrix} \sigma_{i-1} \\ \mu_{i-1} \end{pmatrix}, \tag{21}$$

then

$$\begin{pmatrix}\sigma_i\\ \mu_i\end{pmatrix} \to \begin{pmatrix}\sigma\\ \mu\end{pmatrix} \quad \textit{in} \quad Y \times V,$$

where $\begin{pmatrix}\sigma\\ \mu\end{pmatrix}$ *denotes the solution to* (20).

Proof: The assertion

$$\begin{pmatrix}\sigma_i\\ \mu_i\end{pmatrix} \to \begin{pmatrix}\sigma\\ \mu\end{pmatrix} \quad \text{in} \quad Y_0 \times H$$

follows immediately from results of Gajewski, Gröger [2] (Th. 1, Rem. 2). Furthermore

$$hm_0 \|\mu_i - \mu_j\|_V^2 \leqq \left(L\begin{pmatrix}\sigma_i\\ \mu_i\end{pmatrix} - L\begin{pmatrix}\sigma_j\\ \mu_j\end{pmatrix}, \begin{pmatrix}\sigma_i - \sigma_j\\ \mu_i - \mu_j\end{pmatrix}\right)_{Y\times H} =$$

$$= \left(-(A_0^{-1}+R_0)\begin{pmatrix}\sigma_{i-1}\\ \mu_{i-1}\end{pmatrix} + (A_0^{-1}+R_0)\begin{pmatrix}\sigma_{j-1}\\ \mu_{j-1}\end{pmatrix} - \frac{1}{r}\begin{pmatrix}\sigma_i-\sigma_j\\ \mu_i-\mu_j\end{pmatrix} + \frac{1}{r}\begin{pmatrix}\sigma_{i-1} - \sigma_{j-1}\\ \mu_{i-1} - \mu_{j-1}\end{pmatrix};\right.$$

$$\left.\begin{pmatrix}\sigma_i - \sigma_j\\ \mu_i - \mu_j\end{pmatrix}\right)_{Y\times H} \to 0$$

as $i, j \to \infty$, where $m_0 > 0$.
This completes the proof.

Remark 3: For known $\begin{pmatrix}\sigma_{i-1}\\ \mu_{i-1}\end{pmatrix}$ the solution $\begin{pmatrix}\sigma_i\\ \mu_i\end{pmatrix}$ to (21) can be determined approximatively by Galerkin's method. Note that each iteration step requires in the main to solve an equation of the type

$$\mu + rhD\mu = g,$$

where $g \in V^*$ is given, i.e. an equation involving a linear, symmetric and positive definite operator.

Remark 4: Most of the results of this paper can be obtained also for problems that are somewhat more general than those considered here.

i) One can replace the equilibrium condition $K^*\sigma = 0$ by $K^*\sigma = f$, where $f \in L^2(S; U^*)$ is given.

ii) Instead of (H5) one can use the weaker assumption that $D \in \mathcal{L}(V; V^*)$ is symmetric and positive and that $D + I$ (I: embedding from V into V^*) is positive definite.

iii) Instead of $\varepsilon_v' = C(\sigma - B\varepsilon_v)$, $c' = q - D\mu$ one can treat constitutive equations of the form

$$\begin{pmatrix}\varepsilon_v'\\ -c'\end{pmatrix} = \begin{pmatrix}C & 0\\ 0 & D\end{pmatrix}\left(\begin{pmatrix}\sigma\\ \mu\end{pmatrix} - B\begin{pmatrix}\varepsilon_v\\ -c\end{pmatrix}\right) - q,$$

where $q \in L^2(S; Y \times V^*)$ and $B: Y \times H \to Y \times H$ is a monotone Lipschitzian potential operator.

References

1 Brézis, H., Operateurs maximaux monotones, North Holland Mathematics Studies 5, 1973.
2 Gajewski, H.; Gröger, K., Ein Iterationsverfahren für Gleichungen mit einem maximal monotonen und einem stark monotonen Lipschitz-stetigen Operator, Math. Nachr. 69, 307—317 (1975).
3 Gajewski, H.; Gröger, K.; Zacharias, K., Nichtlineare Operatorgleichungen und Operatordifferentialgleichungen, Berlin 1974.
4 Gröger, K., Regularitätsaussagen für Evolutionsgleichungen mit stark monotonen Operatoren, Math. Nachr. 67, 21—34 (1975).
5 —, Initial value problems for elastoplastic and elasto-viscoplastic systems. In: Nonlinear Analysis, Function Spaces and Applications; Proceedings of a Spring School held in Horní Bradlo, 1978, Teubner-Texte zur Mathematik 1979.
6 —, Discrete-time Galerkin methods for nonlinear evolution equations, Math. Nachr. 84, 247—275 (1978).
7 Hlaváček, I.; Nečas, J., On inequalities of Korn's type (I, II), Arch. Rat. Mech. and Analysis 36, 305—334 (1970).
8 Hünlich, R., Prozesse in mechanischen Systemen mit internen Parametern, Thesis, Berlin 1980.

Eingereicht: 5. 9. 1980

Anschriften: Dr. K. Gröger, Inst. f. Mathematik der AdW, Mohrenstraße 39, DDR-1080 Berlin; Dr. R. Hünlich, Humboldt-Universität, Sektion Mathematik, Postfach 1297, DDR-1086 Berlin

KLEINE MITTEILUNGEN

ZAMM 61, 521 – 525 (1981)

A. J. Prasad / N. R. Rajappa

Nonsteady Three-Dimensional Stagnation Point Flow with Hard Blowing

Introduction

Due to hard blowing normal to the wall, at the stagnation point of the body, the boundary layer is blown off the body, and forms into a shear layer, as shown in Fig. 1, [1], [2]. The technique of hard blowing is usually employed to reduce wall shear and heat transfer on a body [3]. For hard blowing the normal blowing velocity at the wall is one order higher than the usual vertical component of velocity in the boundary layer [1]. As shown in Fig. 1, the injected inner region is separated from the outer region by a shear layer. To a first approximation, the inner region is inviscid, but rotational [1], [2]. This inviscid approximation is valid only near the wall and becomes invalid as one goes far from the wall towards the shear layer [3]. The inner region is much thicker than the shear layer, however both are of the same order, and much thinner than any characteristic dimension, l of the problem, provided the Reynolds number, Ul/ν is sufficiently large [4]. Hence boundary layer approximations are valid for the present problem. Steady flow with strong blowing and nonsteady flow with no blowing, for the three-dimensional stagnation point flow are dealt in Refs. [5], [6] respectively. For the nonsteady plane flow case, a first approximation for the boundary layer with hard blowing, which is valid only near the wall is given in Ref. [3]. This approach is used in the analysis that follows and numerical solution of the flow near the wall, for the nonsteady three-dimensional stagnation point flow with hard blowing, has been presented. Velocity distribution, skin friction coefficient and the distance of the dividing streamline (separating the oncoming flow from the injected flow) from the wall are presented for different blowing, nonsteady and three-dimensionality parameters.

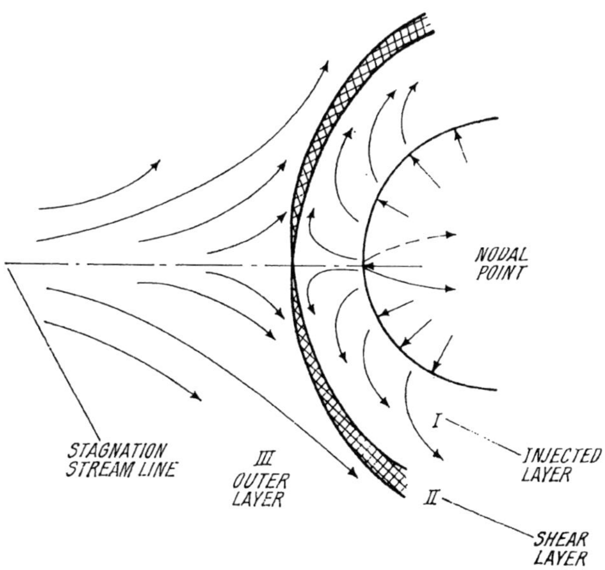

Fig. 1. Flow regions

2. Analysis

In the immediate neighbourhood of the stagnation point, the coordinates x, y are taken on the tangent plane and the coordinate z is perpendicular to the body, with origin at the body stagnation point (Fig. 2). The boundary layer equations for this coordinate notation are [5], [6]:

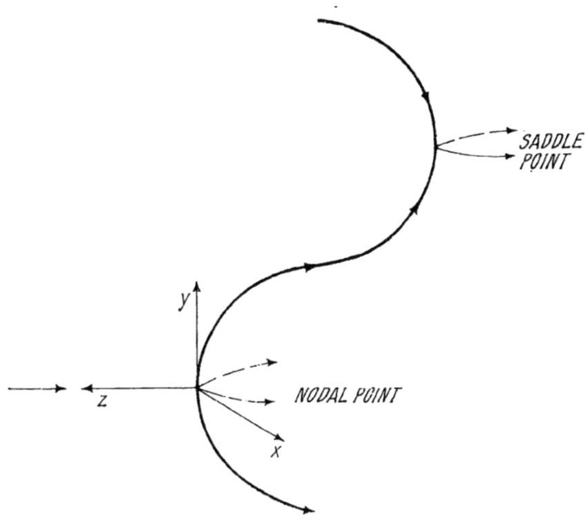

Fig. 2. Coordinate notation

$$\frac{\partial u}{\partial x} + \frac{\partial v}{\partial y} + \frac{\partial w}{\partial z} = 0\,, \tag{1}$$

$$\frac{\partial u}{\partial t} + u\frac{\partial u}{\partial x} + v\frac{\partial u}{\partial y} + w\frac{\partial u}{\partial z} = \frac{\partial U}{\partial t} + U\frac{\partial U}{\partial x} + \nu\frac{\partial^2 u}{\partial z^2}\,, \tag{2}$$

$$\frac{\partial v}{\partial t} + u\frac{\partial v}{\partial x} + v\frac{\partial v}{\partial y} + w\frac{\partial v}{\partial z} = \frac{\partial V}{\partial t} + V\frac{\partial V}{\partial y} + \nu\frac{\partial^2 v}{\partial z^2}\,, \tag{3}$$

$$\frac{\partial p}{\partial z} = 0\,. \tag{4}$$

The energy equation is [7]:

$$\frac{\partial T}{\partial t} + u\frac{\partial T}{\partial x} + v\frac{\partial T}{\partial y} + w\frac{\partial T}{\partial z} = \frac{k}{\varrho c_v}\left(\frac{\partial^2 T}{\partial x^2} + \frac{\partial^2 T}{\partial y^2} + \frac{\partial^2 T}{\partial z^2}\right) + \nu\frac{\Phi}{c_v} \tag{5}$$

where the dissipation function is:

$$\Phi = 2\left[\left(\frac{\partial u}{\partial x}\right)^2 + \left(\frac{\partial v}{\partial y}\right)^2 + \left(\frac{\partial w}{\partial z}\right)^2\right] + \left(\frac{\partial v}{\partial x} + \frac{\partial u}{\partial y}\right)^2 + \left(\frac{\partial w}{\partial y} + \frac{\partial v}{\partial z}\right)^2 + \left(\frac{\partial u}{\partial z} + \frac{\partial w}{\partial x}\right)^2 \tag{6}$$

and u, v, w are velocity components along x, y, z. ϱ, p, T refer to density, pressure, temperature while ν, k, c_v correspond to kinematic viscosity, thermal conductivity, specific heat. The boundary conditions are:

$$z = 0: \quad u = v = 0; \quad w = w_b(\text{constant})\,, \quad T = T_w(x, y, t)\,, \tag{7}$$

$$z = \infty: \quad u = U(x, t); \quad v = V(y, t); \quad T = T_\infty\,. \tag{8}$$

The velocities $U(x, t)$, $V(y, t)$ in the undisturbed flow are taken to be inversely proportional to time [6].

$$U(x, t) = Ax/(1 - \lambda t); \quad V(y, t) = Cy/(1 - \lambda t)\,. \tag{9}$$

The dimensionless parameters for three-dimensionality and acceleration, α and β respectively are defined in Ref. [6]:

$$\alpha = [(\partial V/\partial y)/(\partial U/\partial x)]_{x=y=0}; \quad \beta = [(\partial U/\partial t)/(U\,\partial U/\partial x)]_{x=y=0}\,, \tag{10}$$

$$\alpha = C/A; \quad \beta = \lambda/A; \tag{11}$$

λ characterizes the unsteadiness of the flow. $\beta = 0$ corresponds to steady flow case. For axisymmetric flow $\alpha = 1$, while for two-dimensional flow $\alpha = 0$. The similarity coordinate η and the similarity variables $f(\eta)$, $g(\eta)$, $\Theta(\eta)$ are introduced to obtain similarity solutions of equations (1) to (5):

$$\eta = z[(A/\nu)/(1-\lambda t)]^{1/2}\,, \qquad u = [Ax/(1-\lambda t)]\,f'(\eta)\,, \quad (12), (13)$$

$$v = [Cy/(1-\lambda t)]\,g'(\eta)\,, \qquad w = (-U/\sqrt{\mathrm{Re}})\,[f(\eta) + \alpha g(\eta) - K]\,, \quad (14), (15)$$

$$\Theta(\eta) = (T - T_w)/(T_\infty - T_w)\,. \quad (16)$$

K is the dimensionless blowing parameter

$$K = (w_b/U)\sqrt{\mathrm{Re}} \quad (17)$$

where w_b is the constant blowing velocity and Re refers to Ux/ν. The continuity equation is satisfied automatically and the momentum equations (2) and (3) are transformed into the ollowing ordinary differential equations.

$$f''' + f''(f + \alpha g - K - \beta\eta/2) - f'(f' + \beta) + (1+\beta) = 0\,, \quad (18)$$

$$g''' + g''(f + \alpha g - K - \beta\eta/2) - g'(\alpha g' + \beta) + (\alpha + \beta) = 0\,. \quad (19)$$

For hard blowing at the stagnation point, the shear layer is blown off and the body stagnation point is in the region of essentially inviscid injected flow. The dissipation term $(\nu/c_v)\,\Phi$ in equation (5) is equal to zero for the calculation of heat transfer to the wall at the stagnation point. (By similarity transformation, equations (5) and (6) become:

$$\Theta'' + \Theta'(f + \alpha g - K - \beta\eta)/2)\,\mathrm{Pr} = -\frac{\mathrm{Pr}}{c_v(T_\infty - T_w)}\left[\frac{2A\nu}{1-\lambda t}\{f'(2f' + \alpha g') + \alpha g'(f' + 2\alpha g')\} + \frac{A^2}{(1-\lambda t)^2}\{x^2(f'')^2 + y^2(\alpha g'')^2\}\right]. \quad (20)$$

The right hand side of equation (20) is equal to zero, i.e. $\Phi = 0$ at $x = y = 0$ and $\eta = 0$. The solutions of the similarity equations are valid for $x \to 0$ and $y \to 0$, since the coordinates x, y are taken on the tangent plane to the body at the stagnation point.) Hence, for the stagnation point heat transfer calculation, the energy equation can be simplified into the following equation:

$$\Theta'' + \Theta'(f + \alpha g - K - \beta\eta/2)\,\mathrm{Pr} = 0 \quad (21)$$

where Pr is Prandtl number. The boundary conditions become:

$$\eta = 0:\ f(0) = g(0) = f'(0) = g'(0) = \Theta(0) = 0; \quad (22)$$

$$\eta = \infty:\ f'(\infty) = 1\,, \quad g'(\infty) = 1\,, \quad \Theta(\infty) = 1\,. \quad (23)$$

In order to obtain a formal asymptotic solution of equations (18) to (23), when the blowing velocity is large, i.e. $K \to \infty$, it is convenient to make the transformation:

$$\xi = \eta/K; \quad f(\eta) = KF(\xi); \quad g(\eta) = KG(\xi);$$
$$\Theta(\eta) = K\bar{\Theta}(\xi)\,. \quad (24)$$

The transformed equations are:

$$F'''/K^2 + F''(F + \alpha G - 1 - \beta\xi/2) - F'(F' + \beta) + (1+\beta) = 0\,, \quad (25)$$

$$G'''/K^2 + G''(F + \alpha G - 1 - \beta\xi/2) - G'(\alpha G' + \beta) + (\alpha + \beta) = 0\,, \quad (26)$$

$$\bar{\Theta}''/K^2 + \bar{\Theta}'(F + \alpha G - 1 - \beta\xi/2)\,\mathrm{Pr} = 0\,. \quad (27)$$

The boundary conditions become:

$$\xi = 0:\ F(0) = G(0) = F'(0) = G'(0) = \bar{\Theta}(0) = 0\,, \quad (28)$$

$$\xi = \infty:\ F'(\infty) = 1\,, \quad G'(\infty) = 1\,, \quad \bar{\Theta}(\infty) = 1/K\,. \quad (29)$$

Equations (25), (26) and (27) are differential equations where the highest derivative is multiplied by a small parameter $\varepsilon = 1/K^2$, as $K \to \infty$. So this is obviously a singular perturbation problem. As $\varepsilon \to 0$, the resulting equations are:

$$F''(F + \alpha G - 1 - \beta\xi/2) - F'(F' + \beta) + (1+\beta) = 0\,, \quad (30)$$

$$G''(F + \alpha G - 1 - \beta\xi/2) - G'(\alpha G' + \beta) + (\alpha+\beta) = 0\,, \quad (31)$$

$$\bar{\Theta}'(F + \alpha G - 1 - \beta\xi/2)\,\mathrm{Pr} = 0\,, \quad (32)$$

$$\xi = 0:\ F(0) = G(0) = F'(0) = G'(0) = \bar{\Theta}'(0) = 0\,. \quad (33)$$

The boundary condition at infinity given by equation (29) is discarded, because equations (30), (31) and (32) are valid only near the wall and their order is one less than that of equations (25), (26) and (27). From equations (32) and (33): $\bar{\Theta}' = 0$ and $\bar{\Theta}(0) = 0$; hence $\bar{\Theta}$ = constant = 0, so that the heat transfer on the wall is zero.

Solutions of equations (30), (31) and (32) become singular (as is evident from equation (32)) when

$$F + \alpha G - 1 - \beta\xi/2 = 0\,. \quad (34)$$

Equation (34) determines the dividing streamline separating the injected flow from the oncoming flow.

The solutions of equations (30) and (31), subject to the boundary condition (33), obtained from the application of GILL's method for Runge-Kutta numerical integration scheme [8], are

Table 1. Comparison of Stagnation Point Flows with Hard Blowing

Sl. No.	Parameter studied	Nonsteady flow: Notation of present paper, 3-DIM.	AXISYM.	2-DIM	Notation of Ref. [3], 2-DIM.	Steady flow: Notation of Ref. [5], 3-DIM.
1.	3-Dimensionality	$\alpha = \frac{C}{A}$	$\alpha = 1$	$\alpha = 0$	—	$c = \frac{b}{a}$
2.	Acceleration	$\beta = \frac{\lambda}{A}$	β	β	$-\alpha = \frac{-\lambda l}{U_0}$	$(\beta = 0)$
3.	Hard Blowing	$K = \frac{w_b\sqrt{\mathrm{Re}}}{U}$	K	K	$C = \frac{v_w\sqrt{\mathrm{Re}}}{U}$	$K = \frac{w_b}{\sqrt{\nu a}}$
4.	Similarity coordinate	$\eta = z\left\{\frac{A}{\nu(1-\lambda t)}\right\}^{1/2}$	η	η	$y\left\{\frac{U_0/l}{\nu(1+\lambda t)}\right\}^{1/2}$	$z\left(\frac{a}{\gamma}\right)^{1/2}$
5.	Similarity variables	η, f, g, Θ	$f = g$	g superfluous	η, f, Θ	η, f, g (Θ not considered)
6.	x-velocity as $\eta \to \infty$	$U = \frac{Ax}{1-\lambda t}$	U	U	$\frac{(U_0/l)\,x}{1+\lambda t}$	ax
7.	y-velocity as $\eta \to \infty$	$V = \frac{Cy}{1-\lambda t}$	V	V	—	by
8.	Velocity component normal to wall	$\frac{-w\sqrt{\mathrm{Re}}}{U} = (f + \alpha g - K)$	$(2f - K)$	$(f - K)$	$\frac{-v\sqrt{\mathrm{Re}}}{U} = (f)$	$\frac{-w\sqrt{\mathrm{Re}}}{U} = (f + cg - K)$
9.	Reynolds number	$\mathrm{Re} = \frac{Ux}{\nu}$	Re	Re	$\frac{Ux}{\nu}$	$\frac{Ux}{\nu}$
10.	Wall shear $f''(0)$	$\frac{1+\beta}{K}$	$\frac{1+\beta}{K}$	$\frac{1+\beta}{K}$	$\frac{1-\alpha}{C}$	$\frac{1}{K}$
11.	Wall shear $g''(0)$	$\frac{\alpha+\beta}{K}$	$\frac{1+\beta}{K}$	superfluous	—	$\frac{c}{K}$
12.	Dividing stream line	$0 = f + \alpha G - 1 - \beta\frac{\xi}{2}$	$0 = 2F - 1 - \beta\frac{\xi}{2}$	$0 = F - 1 - \beta\frac{\xi}{2}$	$0 = \bar{f} + \alpha\frac{\bar{\eta}}{2}$	$(0 = F + cG - 1)$

shown in Figs. 3 to 11. Wall shear reduces with increasing values of blowing parameter K, as shown in Figs. 3 and 4. From equations (30) to (33) and (24) the expressions for $f''(0)$, $g''(0)$ become: $f''(0) = (1 + \beta)/K$ and $g''(0) = (\alpha + \beta)/K$, and hence for $\beta = 0$, $f''(0)$ and $g''(0)$ reduce to the first order expressions of the steady flow case given in Ref. [5]. The velocity profiles $f'(\eta)$ vs. η and $g'(\eta)$ vs. η, for $K = 1, 3, 5$ are shown in Figs. 5 to 10. The slope of the velocity profiles at $\eta = 0$ decreases with increasing values of K and hence hard blowing reduces wall shear. Fig. 11 shows the distance of the dividing streamline from the wall for different values of β, α and K. The comparison with the two-dimensional case of Ref. [3], and the results of the limiting cases of $\alpha = 0$, $\alpha = 1$ and $\beta = 0$ are given in Table 1.

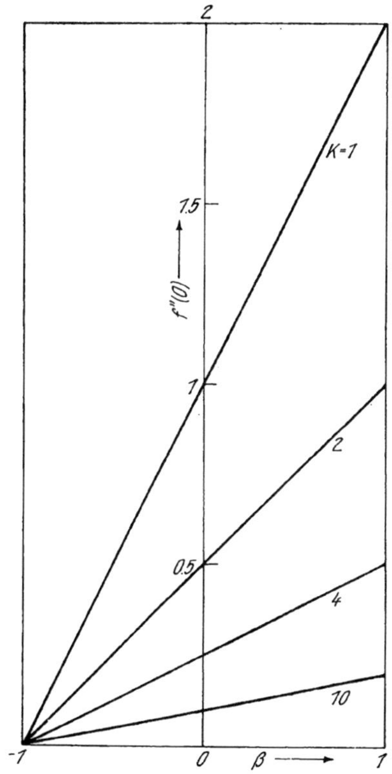

Fig. 3. Variation of x-component of wall shear with acceleration and blowing parameter

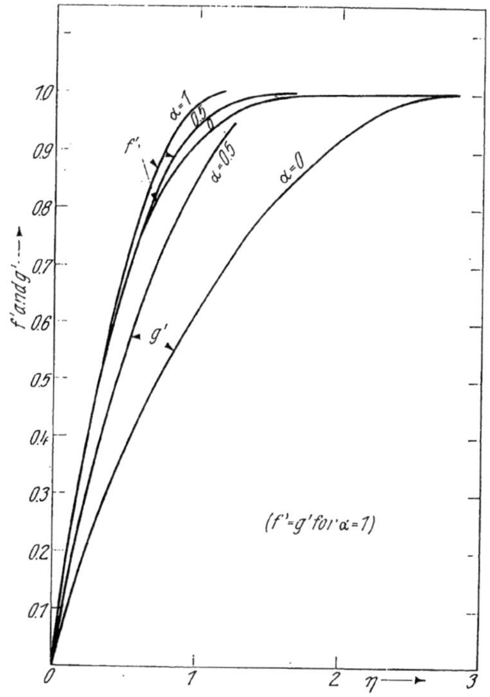

Fig. 5. Velocity profiles for $K = 1$, $\beta = 1$

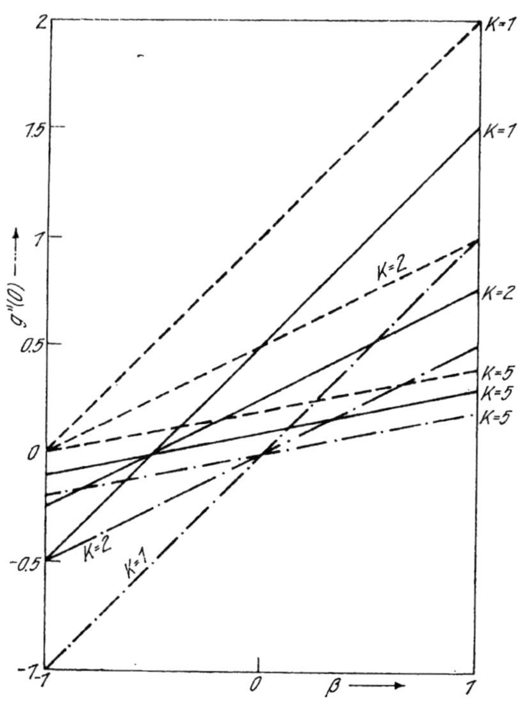

Fig. 4. Variation of y-component of wall shear with β, α, K

– – – $\alpha = 1$
——— $= 0.5$
–·–·– $= 0$

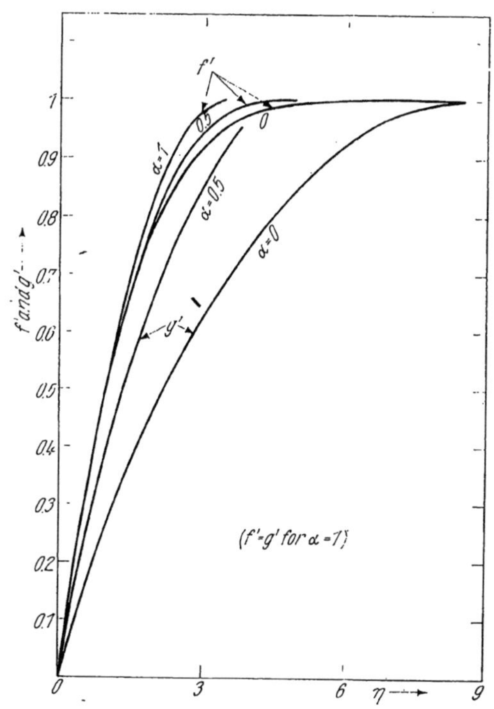

Fig. 6. Velocity profiles for $K = 3$, $\beta = 1$

In this paper the influence of α and β in general has been studied and it has been shown that hard blowing reduces wall shear and the heat transfer to the wall is zero for the general case of nonsteady three-dimensional stagnation point flow.

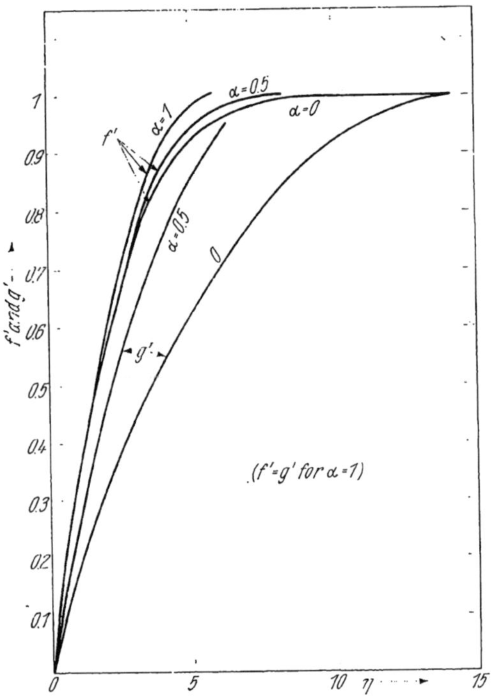

Fig. 7. Velocity profiles for $K = 5$, $\beta = 1$

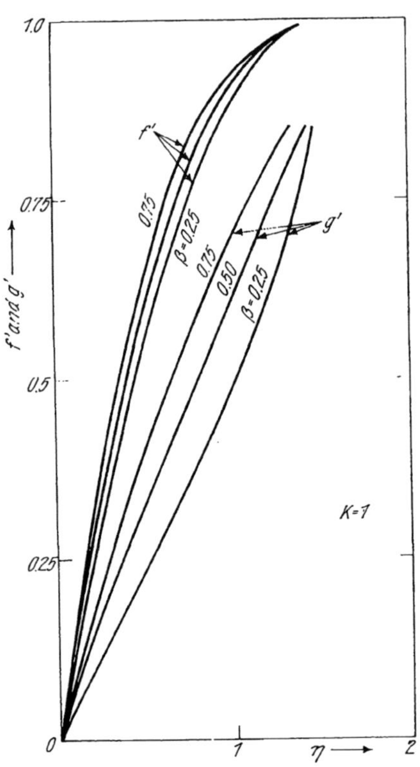

Fig. 8. Velocity profiles ($\alpha = 0.25$), $K = 1$

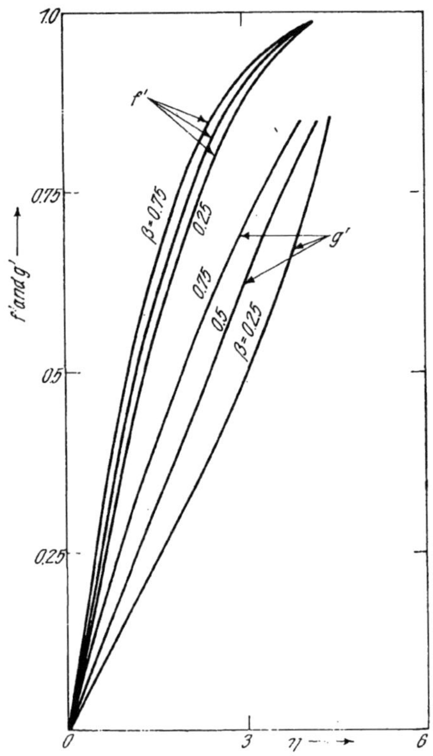

Fig. 9. Velocity profiles ($\alpha = 0.25$), $K = 3$

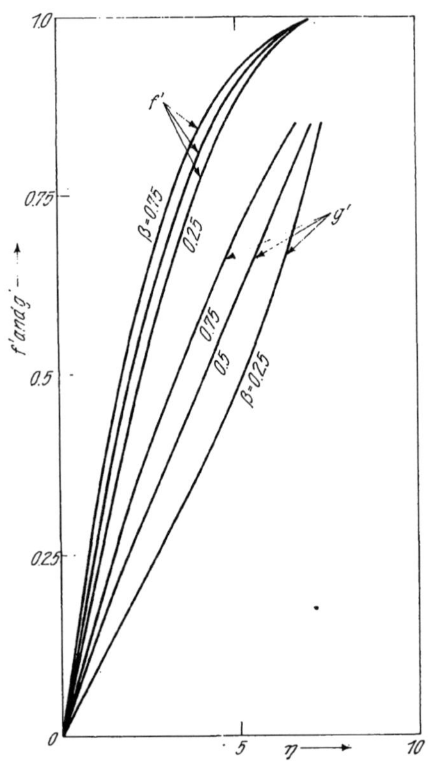

Fig. 10. Velocity profiles ($\alpha = 0.25$), $K = 5$

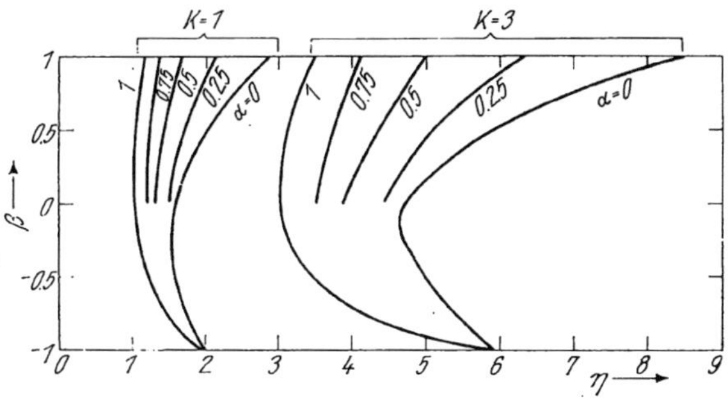

Fig. 11. Variation of the distance to dividing streamline with K, β and α

References

1 Pretsch, J., Grenzen der Grenzschichtbeeinflussung, ZAMM 24, 1944, pp. 264 to 267.
2 Wallace, J., and Kemp, N., Similarity Solutions of the Massive Blowing Problem, AIAA Journal, Vol. 7, No. 8, 1969, pp. 1517–1523.
3 Rajappa, N. R., Nonsteady Plane Stagnation Point Flow with Hard Blowing ZAMM 59, 1979, pp. 471–473.
4 Klemp, J. B., and Acrivos, A., High Reynolds number flow past a flat plate with strong blowing, JFM, Vol. 51, Part 2, 1972, pp. 337–356.
5 Walton, I. C., Boundary layer flow at a three-dimensional stagnation point with strong blowing, Quart. Jl. of App. Math., Vol. 26, Part 4, 1973, pp. 414 to 426.
6 Teipel, I., Unsteady laminar boundary layers in an incompressible three-dimensional stagnation flow, Vol. 74, 1979, pp. 438–445; BK, Recent Developments in Theoretical and Experimental Fluid Mechanics-Compressible and incompressible flows, edited by Müller, W., et al; Springer-Verlag
7 Schlichting, H., Boundary Layer Theory, BK, McGraw Hill, 6th Edition, 1968, p. 255.
8 White, F. M., Viscous fluid flow, BK, McGraw Hill, 1974, p. 675.

Eingereicht am 2. 12. 1980

Anschrift: Dr. N. R. Rajappa, professor, Department of Aeronautical Engineering, Indian Institute of Technology, Madras, I.I.T.P.O., Madras-600036, India

ZAMM 61, 525–527 (1981)

H. F. Bauer

On the Numerical Value of the Roots of the Associated Legendre Function with Respect to the Order.

The object of the present paper is to represent the roots of the associated Legendre function of the first kind with respect to the order. The roots $\lambda_{\mu n}$ of these equations and those of their first derivative, i.e.

$$P_\lambda^\mu(\cos\alpha) = 0 \quad\text{and}\quad \frac{\mathrm{d}P_\lambda^\mu(\cos\alpha)}{\mathrm{d}\vartheta} = 0 \tag{1}$$

are of very great importance in a number of physical and engineering problems involving a conical boundary. There are an infinite number of roots, which all are real and single. For instance in problems of the conduction of heat in a conical or conical sector body a zero surface condition requires the solution of the first equation of (1), while for no flux across the surface the solution of the right hand expression of equation (1) is needed. This is also necessary, if one investigates the natural frequencies of an incompressible and nonviscous liquid in a complete conical or conical sector cavity. A few of the roots have been presented by Pal (1), but it seems that in the case of the roots of the first derivative of the associated Legendre function the lowest root has not been detected for $m \geq 1$. The present paper represents tables for various values α and for values of m, where only an integer number m was considered. Other tables representing the Legendre and associated Legendre functions and their first derivatives are given in [2 through 14].

To determine the roots of $P_\lambda^m(\cos\alpha) = 0$ one uses for $\mu = m$ as a positive integer the expression [15]

$$P_\lambda^m(\cos\alpha) = \frac{(-1)^m\,\Gamma(\lambda+m+1)\,(\sin\alpha)^m}{m!\,\Gamma(\lambda-m+1)} \times$$
$$\times F\left(1+m+\lambda,\, m-\lambda,\, 1+m;\, \frac{1}{2}(1-\cos\alpha)\right) \tag{2}$$

which yields with the hypergeometric function F

$$F(a, b, c, x) = \sum_{n=0}^{\infty} \frac{\Gamma(a+n)\,\Gamma(b+n)\,\Gamma(c)}{\Gamma(c+n)\,\Gamma(a)\,\Gamma(b)}\,\frac{x^n}{n!} \tag{3}$$

with Γ as the Gamma function, the expression for the determination of λ_{mn}:

$$1 + \sum_{n=1}^{\infty} \frac{(m+\lambda+1)(m+\lambda+2)\dots(m+\lambda+n)\times(m-\lambda)(m-\lambda+1)\dots(m-\lambda+n-1)\,m!}{n!(m+n)!}\,x^n = 0\,, \tag{4}$$

with $x = \frac{1}{2}(1-\cos\alpha)$. From this expression we obtain for given m (integer) and cone angles α the roots λ_{mn}. For $\mu \neq m$ we use in the region of interest $0 \leqq \alpha \leqq \pi/2$ for the associated Legendre function either

$$P_\lambda^\mu(\cos\alpha) = \frac{1}{2^\mu\Gamma(1-\mu)\,(\sin\alpha)^\mu} \times$$
$$F \times \left[\frac{1}{2}(1+\lambda-\mu);\, -\frac{1}{2}(\lambda+\mu);\, 1-\mu;\, (\sin\alpha)^2\right] \tag{5}$$

or

$$P_\lambda^\mu(\cos\alpha) = \frac{2^{\mu+1}}{\sqrt{\pi}}(\sin\alpha)^\mu\,\Gamma(\mu+\lambda+1)\times$$
$$\times \sum_{n=0}^{\infty} \frac{\Gamma\left(\left(\mu+n+\frac{1}{2}\right)\right)\Gamma(\mu+n+\lambda+1)}{\Gamma\left(\mu+\frac{1}{2}\right)\Gamma(\mu+\lambda+1)\,\Gamma(\lambda+n+3/2)\,n!}\times$$
$$\times \sin\left[(2n+\lambda+\mu+1)\,\alpha\right]. \tag{6}$$

The roots $\lambda_{\mu n}$ could therefore be determined as the zeros of

$$\sin(\lambda+\mu+1)\,\alpha + \sum_{n=1}^{\infty} \frac{\left(\mu+\frac{1}{2}\right)\left(\mu+\frac{3}{2}\right)\dots\left(\mu+n-\frac{1}{2}\right)(\mu+\lambda+1)\times(\mu+\lambda+2)\dots(\mu+\lambda+n)}{n!\left(\lambda+\frac{3}{2}\right)\left(\lambda+\frac{5}{2}\right)\dots\left(\lambda+n+\frac{1}{2}\right)}\times$$
$$\times \sin\left[(2n+\lambda+\mu+1)\,\alpha\right] = 0 \tag{7}$$

or

$$1 + \sum_{n=1}^{\infty} \frac{(-1)^n(1+\lambda-\mu)(3+\lambda-\mu)\dots(\lambda-\mu+2n-1)\times(\lambda+\mu)(\lambda+\mu-2)\dots(\lambda+\mu-2n+2)}{2^{2n}\cdot n!\,(1-\mu)(2-\mu)\dots(n-\mu)}\times$$
$$\times(\sin\alpha)^{2n} = 0\,. \tag{8}$$

For small angles α representing a particularly important case, an expression due to Macdonald [16] may also be used for the determination of the roots. In this expression the well-known zeros j_{mn} of the Bessel functions $J_m(x) = 0$, are employed. We have:

$$\lambda_{mn} = -\frac{1}{2} + \frac{j_{mn}}{2\sin\frac{\alpha}{2}}\left\{1 - \frac{1}{6}\left(1 - \frac{4m^2-1}{j_{nm}^2}\right)\sin^2\frac{\alpha}{2} - \right.$$
$$-\frac{1}{360}\cdot\left(17 + \frac{26-104\,m^2}{j_m^2} - \frac{48m^4-120m^2+100m+127}{j_{mn}^4}\right)\times$$
$$\left.\times\sin^4\frac{\alpha}{2} + \dots\right\}.$$

It may be noted, that due to the relation

$$P_\lambda^m(\cos\alpha) = P_{-\lambda-1}^m(\cos\alpha)$$

the roots λ_{mn} are symmetrical to $\lambda = -\frac{1}{2}$. Furthermore it may be noticed, that for large values λ the difference of two consecutive roots approaches the value $\frac{\pi}{\alpha}$.

For the determination of the roots $\lambda_{\mu n}$ of the first derivative

$$\frac{d}{d\vartheta} P_\lambda^\mu(\cos\vartheta) = 0$$

one obtains with the recurrence formula

$$(1 - x^2)\frac{dP_\lambda^\mu}{dx} = (\lambda + \mu)\, P_{\lambda-1}^\mu(x) - \lambda x P_\lambda^\mu(x)$$

the equation

$$(\lambda + \mu)\, P_{\lambda-1}^\mu(\cos\alpha) = \lambda\cos\alpha\, P_\lambda^\mu(\cos\alpha) \tag{9}$$

which for $\mu = m$ (integer) yields, the expression

$$(\lambda - m - \lambda\cos\alpha) + \\ + \sum_{n=1}^{\infty} \frac{m!\,[(m+1)^2 - \lambda^2] \dots [(m+n-1)^2 - \lambda^2]\, x^n}{n!\,(m+n)!} \times \\ \times \{(\lambda^2 - m^2)(m - \lambda + n) - \lambda\cos\alpha(m - \lambda)(m + \lambda + n)\} = 0\,, \tag{10}$$

Table 1. Zeros λ_{mn} of associated Legendre functions $P_\lambda^m(\cos\alpha) = 0$; $\alpha = \pi/4$

n/m	0	1	2	3	4	5
1	2.5479	4.4053	6.1388	7.8117	9.4472	11.0569
2	6.5222	8.4471	10.2781	12.0508	13.7831	15.4852
3	10.5143	12.4633	14.3389	16.1634	17.9497	19.7060
4	14.5106	16.4719	18.3734	20.2301	22.0516	23.8447
5	18.5083	20.4773	22.3957	24.2745	26.1211	27.9410
6	22.5069	24.4809	26.4113	28.3062	30.1716	32.0120
7	26.5059	28.4835	30.4228	32.3300	34.2101	36.0668
8	30.5051	32.4855	34.4316	36.3486	38.2404	40.1103
9	34.5045	36.4871	38.4387	40.3635	42.2650	44.1458
10	38.5041	40.4884	42.4444	44.3758	46.2853	48.1753

Table 6. Zeros λ'_{mn} of derivative of associated Legendre functions $P_\lambda'^m(\cos\alpha) = 0$; $\alpha = \pi/4$

n/m	0	1	2	3	4	5
1	4.4053	2.0000	3.6332	5.2014	6.7388	8.2575
2	8.4471	6.3339	8.1373	9.8747	11.5696	13.2344
3	12.4633	10.3970	12.2592	14.0645	15.8291	17.5628
4	16.4719	14.4251	16.3186	18.1631	19.9702	21.7477
5	20.4773	18.4410	20.3541	22.2245	24.0608	25.8692
6	24.4809	22.4514	24.3779	26.2667	28.1243	29.9559
7	28.4835	26.4586	28.3950	30.2975	32.1715	34.0211
8	32.4855	30.4640	32.4079	34.3211	36.2080	38.0721
9	36.4871	34.4681	36.4179	38.3397	40.2372	42.1132
10	40.4884	38.4714	40.4260	42.3548	44.2610	46.1470

Table 2. Zeros λ_{mn} of associated Legendre functions $P_\lambda^m(\cos\alpha) = 0$; $\alpha = \pi/6$

n/m	0	1	2	3	4	5
1	4.0837	6.8354	9.3733	11.8074	14.1778	16.5041
2	10.0386	12.9083	15.6154	18.2219	20.7588	23.2437
3	16.0248	18.9364	21.7210	24.4170	27.0470	29.6254
4	22.0183	24.9514	27.7807	30.5325	33.2235	35.8654
5	28.0145	30.9606	33.8193	36.6003	39.3438	42.0320
6	34.0120	36.9669	39.8463	42.6643	45.4313	48.1549
7	40.0102	42.9715	45.8662	48.7056	51.4979	54.2497
8	46.0089	48.9749	51.8816	54.7378	57.5505	60.3251
9	52.0079	54.9777	57.8938	60.7636	63.5930	66.3866
10	58.0071	60.9798	63.9037	66.7848	69.6281	72.4377

Table 7. Zeros λ'_{mn} of derivative of associated Legendre functions $P_\lambda'^m(\cos\alpha) = 0$; $\alpha = \pi/6$

n/m	0	1	2	3	4	5
1	6.8354	3.1196	5.4928	7.7524	9.9589	12.1334
2	12.9083	9.7121	12.3720	14.9180	17.3910	19.8121
3	18.9364	15.8215	18.5830	21.2461	23.8390	26.3774
4	24.9514	21.8702	24.6858	27.4166	30.0829	32.6979
5	30.9606	27.8979	30.7474	33.5229	36.2395	38.9079
6	36.9669	33.9158	36.7886	39.5959	42.3494	45.0579
7	42.9715	39.9283	42.8182	45.6493	48.4311	51.1708
8	48.9749	45.9376	48.8405	51.6902	54.4944	57.2591
9	54.9777	51.9448	54.8579	57.7224	60.5448	63.3302
10	60.9798	57.9505	60.8718	63.7485	66.5860	69.3886

Table 3. Zeros λ_{mn} of associated Legendre functions $P_\lambda^m(\cos\alpha) = 0$; $\alpha = \pi/10$

n/m	0	1	2	3	4	5
1	7.1493	11.7070	15.8857	19.8810	23.7640	27.5694
2	17.0686	21.8369	26.3164	30.6176	34.7951	38.8808
3	27.0441	31.8870	36.5041	40.9641	45.3070	49.5583
4	37.0325	41.9136	46.6103	51.1693	55.6205	59.9844
5	47.0257	51.9300	56.6789	61.3059	65.8341	70.2802
6	57.0213	61.9412	66.7268	71.4035	75.9895	80.4986
7	67.0181	71.9493	76.7623	81.4769	86.1079	90.6669
8	77.0158	81.9555	86.7896	91.5341	96.2013	100.8009
9	87.0140	91.9603	96.8113	101.5800	106.2768	110.9100
10	97.0126	101.9642	106.8289	111.6176	116.3392	121.0008

Table 8. Zeros λ'_{mn} of derivative of associated Legendre functions $P_\lambda'^m(\cos\alpha) = 0$; $\alpha = \pi/10$

n/m	0	1	2	3	4	5
1	11.7070	5.4224	9.3168	13.0083	16.6055	20.1463
2	21.8369	16.4882	20.8844	25.0785	29.1433	33.1164
3	31.8870	26.6828	31.2591	35.6609	39.9379	44.1202
4	41.9136	36.7693	41.4417	45.9636	50.3709	54.6872
5	51.9300	46.8185	51.5511	56.1523	60.6490	65.0600
6	61.9412	56.8503	61.6244	66.2820	70.8442	75.3263
7	71.9493	66.8726	71.6769	76.3769	80.9893	85.5268
8	81.9555	76.8892	81.7165	86.4495	91.1016	95.6836
9	91.9603	86.9019	91.7474	96.5068	101.1912	105.8099
10	101.9642	96.9120	101.7723	106.5532	111.2644	115.9137

Table 4. Zeros λ_{mn} of associated Legendre functions $P_\lambda^m(\cos\alpha) = 0$; $\alpha = \pi/12$

n/m	0	1	2	3	4	5
1	8.6812	14.1446	19.1486	23.9306	28.5764	33.1284
2	20.5832	26.3023	31.6710	36.8237	41.8265	46.7180
3	32.5535	38.3630	43.8987	49.2439	54.4471	59.5394
4	44.5394	50.3952	56.0275	61.4927	66.8272	72.0559
5	56.5312	62.4152	68.1106	73.6583	79.0862	84.4146
6	68.5258	74.4287	80.1688	85.7767	91.2746	96.6794
7	80.5220	86.4386	92.2118	97.8656	103.4182	108.8835
8	92.5191	98.4460	104.2449	109.9350	115.5314	121.0459
9	104.5170	110.4518	116.2711	121.9907	127.6230	133.1783
10	116.5152	122.4565	128.2925	134.0363	139.6987	145.2884

Table 9. Zeros λ'_{mn} of derivative of associated Legendre functions $P_\lambda'^m(\cos\alpha) = 0$; $\alpha = \pi/12$

n/m	0	1	2	3	4	5
1	14.1446	6.5842	11.2452	15.6600	19.9605	24.1926
2	26.3023	19.8793	25.1472	30.1702	35.0364	39.7915
3	38.3630	32.1154	37.6016	42.8762	47.9996	53.0083
4	50.3952	44.2202	49.8230	55.2433	60.5246	65.6956
5	62.4152	56.2799	61.9557	67.4721	72.8618	78.1477
6	74.4287	68.3185	74.0445	79.6294	85.0985	90.4705
7	86.4386	80.3456	86.1083	91.7444	97.2744	102.7136
8	98.4460	92.3656	98.1563	103.8324	109.4106	114.9038
9	110.4518	104.3810	110.1937	115.9019	121.5192	127.0568
10	122.4565	116.3932	122.2238	127.9582	133.6080	139.1828

Table 5. Zeros λ_{mn} of associated Legendre functions $P_\lambda^m(\cos\alpha) = 0$; $\alpha = \pi/20$

n/m	0	1	2	3	4	5
1	14.8069	23.8985	32.2135	40.1533	47.8633	55.4150
2	34.6407	44.1654	53.0975	61.6641	69.9775	78.1026
3	54.5906	64.2682	73.4827	82.3750	91.0271	99.4918
4	74.5667	84.3227	93.7006	102.7959	111.6702	120.3655
5	94.5527	104.3565	113.8412	123.0760	132.1082	140.9721
6	114.5436	124.3794	133.9396	143.2763	152.4270	161.4201
7	134.5372	144.3961	154.0124	163.4268	172.6700	181.7654
8	154.5324	164.4087	174.0684	183.5442	192.8614	202.0401
9	174.5287	184.4185	194.1128	203.6383	213.0164	222.2640
10	194.5257	204.4265	214.1489	223.7155	233.1444	242.4503

Table 10. Zeros λ'_{mn} of derivative of associated Legendre functions $P_\lambda'^m(\cos\alpha) = 0$; $\alpha = \pi/20$

n/m	0	1	2	3	4	5
1	23.8985	11.2522	18.9911	26.3130	33.4417	40.4547
2	44.1654	33.4498	42.2115	50.5590	58.6415	66.5364
3	64.2682	53.8493	62.9802	71.7531	80.2704	88.5938
4	84.3227	74.0267	83.3547	92.3740	101.1583	109.7561
5	104.3565	94.1276	103.5792	112.7611	121.7287	130.5207
6	124.3794	114.1930	123.7295	133.0272	142.1290	151.0667
7	144.3961	134.2387	143.8373	153.2218	162.4267	171.4780
8	164.4087	154.2726	163.9185	173.3706	182.6570	191.7997
9	184.4185	174.2987	183.9819	193.4882	202.8408	212.0586
10	204.4265	194.3194	204.0328	213.5834	222.9910	232.2716

where $x = \frac{1}{2}(1 - \cos\alpha)$. For $\mu \neq m$ one could use:

$$(\lambda + \mu)\left[\sin(\lambda + \mu)\alpha - \frac{\lambda\cos\alpha}{\left(\lambda + \frac{1}{2}\right)}\sin(\lambda + \mu - 1)\alpha\right] +$$

$$+\sum_{n=1}^{\infty} \frac{\left(\mu + \frac{1}{2}\right)\left(\mu + \frac{3}{2}\right)\dots\left(\mu + n - \frac{1}{2}\right) \times \times (\mu + \lambda + 1)\dots(\mu + \lambda + n - 1)}{n!\left(\lambda + \frac{3}{2}\right)\left(\lambda + \frac{5}{2}\right)\dots\left(\lambda + n + \frac{1}{2}\right)} \times$$

$$\times \left\{\left(\lambda + \mu + \frac{1}{2}\right)(\lambda + \mu)\sin(2n + \lambda + \mu)\alpha - \lambda \times \right.$$

$$\left. \times \cos\alpha(\lambda + \mu + n)\sin(2n + \lambda + \mu + 1)\alpha\right\} = 0 \qquad (11)$$

from which for given $\mu(m)$ and α the roots $\lambda_{\mu n}$ may be obtained numerically.

In the following tables the roots of $P_\lambda^m(\cos\alpha) = 0$ and $P_\lambda^{'m}(\cos\alpha) = 0$ are presented for various values of α ($\alpha = \pi/4$, $\pi/6$, $\pi/10$, $\pi/12$ and $\pi/20$) and of m ($m = 0, 1, 2, \dots, 5$). The first ten roots λ_{mn} ($n = 1, 2, \dots, 10$) are given. It may be noticed that the roots compared to those of Pal [1] exhibit improved accuracy up to four digits behind the period and that the missing roots of $P_\lambda^{'m} = 0$ for $m = 1$ and 2 as well as for $m = 0$ in the case of $P_\lambda^m = 0$ are presented. Pal also gave a low-valued root of P_λ^m for $m = 2$ which does not exist.

The accuracy of the roots is to 10^{-8}. Their value was always introduced into the function and exhibited values of at least $< 10^{-10}$.

References

1 Pal, Bholandath, On the numerical calculation of the roots of the equations $P_n^m(\mu) = 0$ and $\frac{d}{d\mu}P_n^m(\mu) = 0$ regarded as equations in n. I, II, Bull. Calcutta Math. Soc. **9** (1917), 85–95; **10** (1918), 187–194.

2 Tallqvist, H., Tafeln der 24 ersten Kugelfunktionen $P_n(\omega\vartheta)$, Soc. Sci. Fenn. Comment. Phys.-Math. **6** (1932), 3.

3 Tallqvist, H., Tafeln der Kugelfunktionen $P_{25}(\cos\vartheta)$ bis $P_{32}(\cos\vartheta)$, Soc. Sci. Fenn. Comment. Phys.-Math. **6**, (1932), 10.

4 Tallqvist, H., Kugelfunktionen $P_n(\cos\vartheta)$, Acta Soc. Sci. Fenn., Nova Series A, **2** (1937) 4.

5 Tallqvist, H., Sechsstellige Tafeln der 32 ersten Kugelfunktionen $Pn(\cos\vartheta)$, Acta Soc. Sci. Fenn., Nova Series A, **2** (1938), 11.

6 Schmidt, A., Normierte Kugelfunktionen, Engelhard-Reyher, Gotha 1935.

7 Prévost, G., Tables des fonctions sphériques et de leur intégrales, Gauthier-Villary, Bordeaux et Paris 1933.

8 Bateman, H., Some Problems in potential theory, Mess. of Math. **617**, 52 (1922), 73–75.

9 National Bureau of Standards, Tables of associated Legendre functions, Columbia University Press, New York 1945.

10 Centre National d'Études des Télécommunications, Tables des fonctions de Légendre associées. Fonctions associées de première espèce $P_n^m(\cos\vartheta)$, Editions de La Revue d'Optique, Paris 1952.

11 Gumprecht, R. O.; Sliepcevich, G. M., Tables of functions of the First and Second Partial Derivatives of Legendre Polynomials, University of Michigan Press, Ann Arbor, Mich. 1951.

12 Clark, G. C.; Churchill, S. W., Tables of Legendre polynomials $P_n(\cos\vartheta)$ for $n = 0(1)\,80$ and $\vartheta = 0°\,(1°)\,180°$, Engineering Research Institute Publications, Univ. of Michigan Press, Ann Arbor, Mich. 1957.

13 Lynam, M. E., Tables of Legendre functions for complex arguments TG-323, The Johns Hopkins Univ. Applied PhysicsLaboratory, Baltimore, Md. 1958.

14 Centre National d'Études des Télécommunications, Tables numériques des fonctions associées de Legendre. Fonctions associées de première espèce $P_n^m(\cos\vartheta)$, Editions de La Revue d'Optique, Paris 1959.

15 Erdélyi, Magnus, Oberhettinger, Tricomi, Higher Transcendental Functions. Vol. 1, McGraw-Hill Book Company, New York 1953.

16 Macdonald, H. M., Formulae for the spherical harmonic $P_n^{-m}(\mu)$, when $1 - \mu$ is a small quantity, Proc. London Math. Soc. **13** (1914), 220–221.

Eingereicht: 7. 10. 1980

Anschrift: Prof. Dr. rer. nat. Helmut F. Bauer, Bergstraße 5, D-8201 Hohenthann, BRD

ZAMM 61, 527–528 (1981)

A. D. Rawlins

The Explicit Wiener-Hopf Factorisation of a Special Matrix

In this note we shall factorise explicitly a certain matrix. This matrix occurred in a problem, considered by Meister [1], on the subsonic flow past an oscillating profile. Meister states that the explicit factorisation of the matrix

$$\boldsymbol{K}(\alpha) = \begin{pmatrix} \left(\frac{\alpha + k}{\alpha - k}\right)^{1/2} & 1 \\ -1 & \left(\frac{\alpha - k}{\alpha + k}\right)^{1/2} \end{pmatrix}, \qquad (1)$$

ist not known to him. A method recently developed in Rawlins and Williams [2] will be used to show how this can be achieved.

For analytic convenience, and to keep the terminology consistent with [2], we shall define the square roots appearing in the matrix (1) slightly differently to that used in [1]. The results of this paper can be converted to the terminology of [1] by the simple expedient of conjugation.

We shall define $K = (k^2 - \alpha^2)^{1/2}$, where α is a complex variable, and k a constant with positive real and imaginary part. The branch of the square root is chosen which has positive real part with the branch cuts being along the half lines $\alpha = k + \delta$, $\alpha = -k - \delta$ ($\delta \geqq 0$). The elements of $\boldsymbol{K}(\alpha)$ are therefore analytic functions of α within the strip $|\mathrm{Im}\,(\alpha)| < k_i$, where k_i is the imaginary part of k, and the Wiener-Hopf matrix factorisation problem is the determination of matrices $\boldsymbol{U}(\alpha)$ and $\boldsymbol{L}(\alpha)$, whose elements are analytic for $\mathrm{Im}\,(\alpha) > -k_i$ and $\mathrm{Im}\,(\alpha) < k_i$ respectively, such that

$$\boldsymbol{K}(\alpha) = \boldsymbol{U}(\alpha)\,\boldsymbol{L}^{-1}(\alpha)\,. \qquad (2)$$

We shall assume that $\boldsymbol{U}(\alpha)$ is analytic except along the branch cut through $\alpha = -k$, whilst $\boldsymbol{L}(\alpha)$ is analytic except along the branch cut through $\alpha = k$. We note that from (1)

$$\mathrm{Det}\,\boldsymbol{K}(\alpha) = 2 \neq 0\,, \qquad (3)$$

in the cut α-plane, and consequently $\boldsymbol{U}(\alpha)$ and $\boldsymbol{L}(\alpha)$ are non-singular in this region.

Evaluation of the equation (2) on both sides of the cut C through $\alpha = -k$ gives, on using the superscripts $\pm$ to denote values evaluated on the upper and lower sides of C,

$$\boldsymbol{K}^+(\alpha) = \boldsymbol{U}^+(\alpha)\,\boldsymbol{L}^{-1}(\alpha)\,, \qquad \boldsymbol{K}^-(\alpha) = \boldsymbol{U}^-(\alpha)\,\boldsymbol{L}^{-1}(\alpha)\,, \qquad (4), (5)$$

$\boldsymbol{L}(\alpha)$ is analytic except across the branch cut through $\alpha = k$ and therefore takes the same values on both sides of C). Eliminating $\boldsymbol{L}(\alpha)$ between equations (4) and (5) gives

$$\boldsymbol{U}^+(\alpha) = K^+(\alpha)\,\{\boldsymbol{K}^-(\alpha)\}^{-1}\,\boldsymbol{U}(\alpha)\,, \quad \text{on } C\,. \qquad (6)$$

The values of K are different on the upper and lower side of C and we let K denote the value on the upper side of C so that $-K$ denotes its value on the lower side. Equation (6) is then seen to simplify to:

$$\boldsymbol{U}^+(\alpha) = \begin{pmatrix} 0 & \frac{-iK}{(k - \alpha)} \\ \frac{(k - \alpha)}{iK} & 0 \end{pmatrix} \boldsymbol{U}^-(\alpha)\,. \qquad (7)$$

Equation (7), when written in component form, is equivalent to the four scalar equations

$$U_{11}^+ = \frac{-iK}{(k - \alpha)}\,U_{21}^-\,, \qquad U_{21}^+ = \frac{(k - \alpha)}{iK}\,U_{11}^-\,, \qquad (8), (9)$$

$$U_{12}^+ = \frac{-iK}{(k - \alpha)}\,U_{22}^-\,, \qquad U_{22}^+ = \frac{(k - \alpha)}{iK}\,U_{12}^-\,, \qquad (10), (11)$$

where $U_{ij}^\pm$ are the elements of $\boldsymbol{U}^\pm(\alpha)$, respectively.

The solution of (8) to (11) reduces to the solution of

$$V_1^+ = \frac{-iK}{(k - \alpha)}\,V_2^-, \qquad V_2^+ = \frac{(k - \alpha)}{iK}\,V_1^-. \qquad (12), (13)$$

Taking logorithms of (12) and (13) and adding and subtracting the resulting equations gives

$$Q^+ - Q^- = i\pi\,, \qquad S^+ - S^- = (k+\alpha)^{-1/2}\,\mathrm{Ln}\left[\frac{k+\alpha}{k-\alpha}\right], \tag{14), (15}$$

where

$$Q = \mathrm{Ln}\,[V_1 V_2]\,, \qquad S = (k+\alpha)^{-(1/2)}\,\mathrm{Ln}\,[V_1/V_2]\,, \tag{16}$$

A particular solution of (14) is by inspection

$$Q = \mathrm{Ln}\,(k+\alpha)^{1/2}\,. \tag{17}$$

A particular solution of (15) follows from Muskhelishvili [3] as

$$S = \frac{1}{2\pi i}\int_{-\infty}^{-k} \frac{\mathrm{Ln}\left(\frac{k+t}{k-t}\right) \mathrm{d}t}{(k+t)^{1/2}\,(t-\alpha)} = \left\{\frac{i\pi}{2} + \mathrm{Ln}\left[\frac{(k+\alpha)^{1/2}}{(2k)^{1/2} + (k+\alpha)^{1/2}}\right]\right\}(k+\alpha)^{(-1/2)}\,. \tag{18}$$

Hence from (16), (17) and (18) a particular solution of (12) and (13) is

$$V_1 = -\mathrm{e}^{i\frac{\pi}{4}}\,(k+\alpha)^{1/2}\,[(2k)^{1/2} + (k+\alpha)^{1/2}]^{(-1/2)}\,, \tag{19}$$

$$V_2 = \mathrm{e}^{-i\frac{\pi}{4}}\,4[(2k)^{1/2} + (k+\alpha)^{1/2}]^{1/2}\,. \tag{20}$$

As explained in Rawlins and Williams [2], suitably general solutions of (8) to (11), which have polynomial growth at infinity, are given by

$$U_{11} = -\mathrm{e}^{i\frac{\pi}{4}}\,(-1)^n\,(k+\alpha)^{1/2(n+1)}\,[(2k)^{1/2} + (k+\alpha)^{1/2}]^{-(1/2)}\,, \tag{21}$$

$$U_{21} = \mathrm{e}^{-i\frac{\pi}{4}}\,(k+\alpha)^{1/2n}\,[(2k)^{1/2} + (k+\alpha)^{1/2}]^{1/2}\,, \tag{22}$$

$$U_{12} = -\mathrm{e}^{i\frac{\pi}{4}}\,(-1)^m\,(k+\alpha)^{1/2(m+1)}\,[(2k)^{1/2} + (k+\alpha)^{1/2}]^{-(1/2)}\,, \tag{23}$$

$$U_{22} = \mathrm{e}^{-i\frac{\pi}{4}}(k+\alpha)^{1/2m}\,[(2k)^{1/2} + (k+\alpha)^{1/2}]\,, \tag{24}$$

where m and n are, as yet, arbitrary integers.

Although the factorisation need not be unique (see Rawlins and Williams [2]) the integers m and n are not entirely arbitrary. The condition (3) implies that $\boldsymbol{U}(\alpha)$ and $\boldsymbol{L}(\alpha)$ are non-singular, and in particular Det $\boldsymbol{U}(\alpha) \neq 0$ for all α in the cut plane. The expressions (21) to (24) give

$$\mathrm{Det}\,\boldsymbol{U}(\alpha) = -(k+\alpha)^{1/2(m+n+1)}\,\{(-1)^n - (-1)^m\}\,, \tag{25}$$

and therefore a necessary condition for Det $\boldsymbol{U}(\alpha) \neq 0$ is that

$$m - n = \text{odd integer}\,. \tag{26}$$

The equations (3), (25) and (26) give

$$\mathrm{Det}\,\boldsymbol{L}(\alpha) = \mathrm{Det}\,\boldsymbol{U}(\alpha)/\mathrm{Det}\,\boldsymbol{K}(\alpha) = -(-1)^n\,(k+\alpha)^{(m+n+1)/2}\,. \tag{27}$$

If $\boldsymbol{L}(\alpha)$ is to be non-singular in the region where it has been defined to be analytic, and in particular at $\alpha = -k$, then it is necessary that

$$m + n = -1\,. \tag{28}$$

The only set of values (m, n) which satisfy (26) and (27) are $(-1, 0)$ and $(0, -1)$. The matrices $\boldsymbol{U}(\alpha)$ corresponding to these (m, n) pairs are the same except for an interchange of columns. Similarly, the matrices $\boldsymbol{L}^{-1}(\alpha)$ are the same except for an interchange of rows. By construction the elements of $\boldsymbol{U}(\alpha)$ are analytic in $|\arg(k+\alpha)| < \pi$. We must finally ensure that the elements ($= L_{ij}$) of $\boldsymbol{L}(\alpha)$ are analytic in $|\arg(k-\alpha)| < \pi$.

If we choose $m = -1$, $n = 0$ we get

$$U_{11} = -\mathrm{e}^{i\frac{\pi}{4}}\,(k+\alpha)^{1/2}\,[(2k)^{1/2} + (k+\alpha)^{1/2}]^{-(1/2)}\,, \tag{29}$$

$$U_{21} = \mathrm{e}^{-i\frac{\pi}{4}}\,[(2k)^{1/2} + (k+\alpha)^{1/2}]^{1/2}\,, \tag{30}$$

$$U_{12} = \mathrm{e}^{i\frac{\pi}{4}}\,[(2k)^{1/2} + (k+\alpha)^{1/2}]^{(-1/2)}\,, \tag{31}$$

$$U_{22} = \mathrm{e}^{-i\frac{\pi}{4}}\,(k+\alpha)^{-1/2}\,[(2k)^{1/2} + (k+\alpha)^{1/2}]^{1/2}\,, \tag{32}$$

and from $\boldsymbol{L}(\alpha) = \boldsymbol{K}^{-1}(\alpha)\,\boldsymbol{U}(\alpha)$ the elements L_{ij} are given by

$$L_{11} = -2^{-1}\,\mathrm{e}^{-i\frac{\pi}{4}}\,\{[(2k)^{1/2} + (k+\alpha)^{1/2}]^{1/2} + [(2k)^{1/2} - (k+\alpha)^{1/2}]^{1/2}\}\,, \tag{33}$$

$$L_{12} = 2^{-1}(k+\alpha)^{-(1/2)}\,\mathrm{e}^{-i\frac{4}{\pi}}\,\{[(2k)^{1/2} - (k+\alpha)^{1/2}]^{1/2} - [(2k)^{1/2} + (k+\alpha)^{1/2}]^{1/2}\}\,, \tag{34}$$

$$L_{21} = -2^{-1}(k+\alpha)^{1/2}\,(k-\alpha)^{-(1/2)}\,\mathrm{e}^{i\frac{\pi}{4}}\,\{[(2k)^{1/2} - (k+\alpha)^{1/2}]^{1/2} - ([(2k)^{1/2} + (k+\alpha)^{1/2}]^{1/2}\}\,, \tag{35}$$

$$L_{22} = 2^{-1}(k-\alpha)^{-(1/2)}\,\{[(2k)^{1/2} - (k+\alpha)^{1/2}]^{1/2} + [(2k)^{1/2} + (k+\alpha)^{1/2}]^{1/2}\}\,\mathrm{e}^{i\frac{\pi}{4}}\,, \tag{36}$$

where we have used the result, proved in Rawlins [4], that

$$(k-\alpha)^{1/2} = [(2k)^{1/2} - (k+\alpha)^{1/2}]^{1/2}\,[(2k)^{1/2} + (k+\alpha)^{1/2}]^{1/2}\,. \tag{37}$$

We can see that all L_{ij} are analytic in $|\arg(k-\alpha)| < \pi$ and Det $\boldsymbol{L}(\alpha) = -1$.

We have therefore explicitly factorised the matrix (1).

References

1 Meister, E., Some mixed boundary value problems in the theory of subsonic flow past oscillating profiles, in Problems in Function of a Complex Variable, Commemorative volume on the 70th birthday of I. N. Vekua, 1977.
2 Rawlins, A. D.; Williams, W. E., Matrix Wiener-Hopf factorisation, Q.J.M.A.M.
3 Muskhelishvili, N. I., Singular Integral Equations, Noordhoff, Groningen-Holland 1953.
4 Rawlins, A. D., Proc. Roy. Soc. London **A346** (1975), 469.

Eingereicht: 2. 5. 1980, korrigierte Fassung: 15. 1. 1981

Anschrift: Dr. A. D. Rawlins, Brunel University, Department of Mathematics, Uxbridge, Middlesex UB8 3PH, England

ZAMM 61, 528–531 (1981)

W. Grecksch

Steuerung zufälliger Felder auf der Grundlage eines Satzes vom Girsanov-Typ

Es wird ein Steuerproblem für eine stochastische Goursatsche Aufgabe und ein Zielkriterium in Integralgestalt betrachtet. Die Klasse der zulässigen Steuerungen ist eine Menge zufälliger Felder, für die ein Exponentialausdruck ein zweiparametrisches Martingal definiert. Auf der Grundlage eines Satzes vom Girsanov-Typ und einer Clarkschen Darstellung für zufällige Felder wird eine Funktionalgleichung für das optimale Steuerfeld hergeleitet.

0. Einleitung

Die Steuerung stochastischer Differentialgleichungen unterscheidet sich wesentlich von der Steuerung deterministischer Systeme. Die Gründe dafür sind u. a. das Auftreten von Rauschprozessen in den Bewegungsgleichungen, sowie der starke und schwache Lösungsbegriff bei stochastischen Differentialgleichungen.

Auf dem Gebiet der Steuerung stochastischer Systeme ist in den letzten Jahren eine Vielzahl von Arbeiten erschienen, wobei folgende Tendenzen beobachtet werden können:

— Herleitung von Bellmanschen Gleichungen unter Anwendung von Itô-Formeln ([5]).
— Ableitung von stochastischen Maximumprinzipien ([9]).
— Diskretisierungsverfahren ([5]).
— Anwendung der Theorie der konjugierten Funktionale ([2]).
— Anwendung des Satzes von Girsanov ([1]).

Die Steuerung zufälliger Felder ist bisher nur wenig untersucht ([8]). In vorliegender Arbeit wird die Steuerung einer schwachen Lösung einer stochastischen Goursatschen Aufgabe auf der Grundlage eines Satzes vom Girsonov-Typ für zufällige Felder untersucht.

1. Grundlagen

Es seien $(\Omega, \mathfrak{B}, \mathsf{P})$ ein vollständiger Wahrscheinlichkeitsraum, $(\mathfrak{F}_{xy})$ eine zweiparametrische Familie von σ-Algebren aus $\mathfrak{B}$ mit $\mathfrak{F}_{uv} - \mathfrak{F}_{xy}$ für $u \leqq x, v \leqq y, u, v, x, y \in [0, 1], \mathcal{S}_{xy} := \sigma\{\mathfrak{F}_{x1}, \mathfrak{F}_{1y}\}$, $\mathsf{E}_{\mathsf{P}}(.)$ der mit dem Maß P definierte Erwartungswertoperator, $\langle ., . \rangle$ das Skalarprodukt im Euklidischen Raum R^m.

1.1 Definition: Ein R^m-wertiges zufälliges $\mathfrak{F}_{xy}$-meßbares Feld $(w(x, y))_{x, y \in [0, 1]}$ heiße *Wienersches Feld*, falls gilt:

(a) $w(x, 0) = w(0, y) = w(0, 0) = 0$ mit Wahrscheinlichkeit 1 für alle x, y.
(b) Die Komponenten von $w(x, y)$ sind unabhängig.
(c) $w(x + \Delta x, y + \Delta y) - w(x + \Delta x, y) - w(x, y + \Delta y) + w(x, y)$ ist für alle $x, y, \Delta x, \Delta y \in [0, 1]$ mit $x + \Delta x \leqq 1$, $y + \Delta y \leqq 1$ unabhängig von $\mathcal{S}_{xy}$ und normalverteilt mit dem Erwartungswert Null und der Streuung $\Delta x \Delta y$.

Für ein $\mathfrak{F}_{xy}$-meßbares R^m-wertiges Feld $(b(x, y))$ mit

$$\mathsf{P}\left\{\int_0^1\int_0^1 |b(u, v)|^2 \, dv \, du < \infty\right\} = 1$$

kann in Anlehnung an [10] ein Itô-Integral

$$\int_0^x\int_0^y \langle b(u, v), w(du, dv)\rangle, \qquad x, y \in [0, 1]$$

definiert werden.

Durch Spezialisierung erhält man aus [6] den folgenden Satz vom Girsanov-Typ:

1.2 Satz: *Es bezeichne $(b(x, y))$ ein R^m-wertiges $\mathfrak{F}_{xy}$-meßbares Feld mit* $\mathsf{P}\left\{\int_0^1\int_0^1 |b(u, v)|^2 \, dv \, du < \infty\right\} = 1$ *und*

$$\mathsf{E}_{\mathsf{P}}\varrho_{00;11} := \mathsf{E}_{\mathsf{P}} \exp\left\{\int_0^1\int_0^1 \langle b(u, v), w(du, dv)\rangle - \frac{1}{2}\int_0^1\int_0^1 |b(u, v)|^2 \, dv \, du\right\} = 1 .$$

Dann definiert $\tilde{\mathsf{P}}(A) := \int_A \varrho_{00;11} \, d\mathsf{P}$, $A \in \mathfrak{B}$ *auf* $(\Omega, \mathfrak{B})$ *ein Wahrscheinlichkeitsmaß und* $r(x, y) := \int_0^x\int_0^y b(u, v) \, dv \, du + w(x, y)$ *ist auf* $(\Omega, \mathfrak{B}, \tilde{\mathsf{P}})$ *ein Wienersches Feld.*

Im folgenden seien C_{11} die Menge der auf $[0, 1] \times [0, 1]$ definierten R^m-wertigen stetigen Funktionen $X(x, y)$ mit $X(x, 0) = X(0, y) = X(0, 0) = 0$, $\mathfrak{B}^m$ die σ-Algebra der Borelmengen aus R^m und $\mathfrak{B}_{xy}$ die σ-Algebra, die von den Zylindermengen

$$\{X: X(x_k, y_j) \in A_{kj}, 0 \leqq k \leqq n - 1, 0 \leqq j \leqq n' - 1, A_{kj} \in \mathfrak{B}^m,$$
$$0 = x_0 < x_1 < \ldots < x_n = x, 0 = y_0 < y_1 < \ldots < y_{n'} = y;$$
$$n, n' = 1, 2, \ldots\},$$

$(x, y \in [0, 1])$ erzeugt wird. Weiter bezeichne ν das Wienersche Maß auf $(C_{11}, \mathfrak{B}_{11})$. Dann ist das durch $\tilde{w}_X(x, y) := X(x, y)$ auf $(C_{11}, \mathfrak{B}_{11}, \nu)$ definierte zufällige Feld $(\tilde{w}(x, y))$ ein Wienersches Feld.

Wir geben einen Satz zur Existenz einer schwachen Lösung einer (speziellen) stochastischen hyperbolischen Differentialgleichung an.

1.3 Satz: *Es sei $a(x, y, X)$, $x, y \in [0, 1]$, $X \in C_{11}$, für alle x, y eine $\mathfrak{B}_{xy}$-meßbare R^m-wertige Abbildung, so daß*

$$\nu\left\{X: \int_0^1\int_0^1 |a(x, y, X)|^2 \, dy \, dx < \infty\right\} = 1 , \tag{1}$$

$$\mathsf{E}_\nu \exp\left\{\int_0^1\int_0^1 \langle a(x, y, X), \tilde{w}_X(dx, dy)\rangle - \frac{1}{2}\int_0^1\int_0^1 |a(x, y, X)|^2 \, dy \, dx\right\} = 1 \tag{2}$$

gilt. Dann gibt es einen Wahrscheinlichkeitsraum $(\Omega', \mathfrak{B}', \mathsf{P}')$, σ-algebren $\mathfrak{F}_{xy} \subseteqq \mathfrak{B}'$ und auf $(\Omega', \mathfrak{B}', \mathsf{P}')$ ein R^m-wertiges Wienersches Feld $(w(x, y))$, so daß P'-fast sicher gilt

$$X(x, y) = \int_0^x\int_0^y a(u, v, X) \, dv \, du + w(x, y) , \tag{3}$$

d. h., die Gleichung (3) hat eine schwache Lösung.

Beweis: Wir setzen $\Omega' := C_{11}$, $\mathfrak{B}' := \mathfrak{B}_{11}$, $\mathfrak{F}_{xy} := \mathfrak{B}_{xy}$.

$$\mathsf{P}'(A) := \int_A \exp\left\{\int_0^1\int_0^1 \langle a(x, y, \tilde{w}_X), \tilde{w}_X(dx, dy)\rangle - \frac{1}{2}\int_0^1\int_0^1 |a(u, v, \tilde{w}_X)|^2 \, dy \, dx\right\} d\nu$$

für $A \in \mathfrak{B}_{11}$. Die Voraussetzungen des Satzes 1.2 sind erfüllt, folglich definiert $w(x, y) := \tilde{w}_X(x, y) - \int_0^x\int_0^y a(u, v \, \tilde{w}_X,) \, dv \, du$ ein Wienersches Feld auf $(\Omega', \mathfrak{B}', \mathsf{P}')$. Setzt man $\tilde{w}_X(x, y) =: X_{xy}$, so gilt auf $(\Omega', \mathfrak{B}', \mathsf{P}')$ die Gleichung $X(x, y) = \int_0^x\int_0^y a(u, v, X) dv du + w(x, y)$. q. e. d.

2. Ein Steuerproblem

$a(x, y, X)$ sei eine auf $[0, 1] \times [0, 1] \times C_{11}$ definierte R^m-wertige $\mathfrak{B}_{xy}$-meßbare Abbildung, so daß

$$\varrho^0_{xy} := \exp\left\{-\int_0^x\int_0^y \frac{1}{2} |a(u, v, X)|^2 \, dv \, du + \int_0^x\int_0^y \langle a(u, v, X), \tilde{w}_X(du, dv)\rangle\right\}$$

bezüglich $\mathcal{S}_{xy} := \sigma\{\mathfrak{B}_{x1}, \mathfrak{B}_{1y}\}$ auf $(C_{11}, \mathfrak{B}_{11}, \nu)$ ein zweiparametrisches $\square$-Martingal definiert, d. h.,

$$\mathsf{E}\{(\varrho^0_{x+\Delta x y+\Delta y} - \varrho^0_{x+\Delta x y} - \varrho^0_{xy+\Delta y} + \varrho^0_{xy}) \mid \mathcal{S}_{xy}\} = 0$$

für alle $x, y, \Delta x, \Delta y \in [0, 1]$ mit $x + \Delta x \leqq 1$, $y + \Delta y \leqq 1$ (Einzelheiten zu diesem Martingalbegriff siehe [3]).

2.1 Bemerkung: Erfüllt das Feld $(a(x, y, X))$ die Voraussetzungen des Satzes 1.2, so läßt sich mittels der Itô-Formel für zufällige Felder ([6]) zeigen

$$\varrho^0_{xy} = 1 + \int_0^x\int_0^y \exp\left\{-\int_0^u\int_0^v \frac{1}{2} |a(s, t, X)|^2 \, dt \, ds + \int_0^u\int_0^v \langle a(s, t, X), \tilde{w}_X(ds, dt)\rangle\right\}\langle a(u, v, X), \tilde{w}_X(du, dv)\rangle + \psi(x, y) ,$$

wobei $\psi(x, y)$ das zweifache stochastische Integral

$$\int_0^x\int_0^y \varrho^0_{uv}\gamma(du, v) \, \gamma(u, dv)$$

(vgl. [4]) bezeichnet, d. h.,

$$\psi(x, y) = \mathsf{P} - \lim_{n,n'\to\infty} \sum_{k=0}^{n-1} \sum_{j=0}^{n'-1} \varrho^0_{x_k y_j} \int_{x_k}^{x_{k+1}} \int_0^{y_j} \langle a(u, v, X), \tilde{w}_X(du, dv)\rangle \times$$

$$\times \int_0^{x_k} \int_{y_j}^{y_{j+1}} \langle a(u, v, X), \tilde{w}_X(du, dv)\rangle .$$

Dabei bezeichnet P-lim den Grenzwert in Wahrscheinlichkeit.

Als zulässige Steuerungen werden diejenigen $\mathfrak{B}_{xy}$-meßbaren, auf $[0, 1] \times [0, 1] \times C_{11}$ definierten R^m-wertigen Abbildungen $U(x, y, X)$ gewählt, für die

$$\varrho^U_{xy} := \exp\left\{-\frac{1}{2}\int_0^x\int_0^y |a(u, v, X) + U(u, v, X)|^2\, dv\, du + \right.$$

$$\left. + \int_0^x\int_0^y \langle a(u, v, X) + U(u, v, X), \tilde{w}_X(du, dv)\rangle\right\}$$

über $(C_{11}, \mathfrak{B}_{11}, \nu)$ bezüglich $\mathcal{S}_{xy}$ ein zweiparametrisches $\square$-Martingal definiert. P^0 und P^U bezeichnen die durch $\mathsf{P}^0(dX) := \varrho^0_{11}(X)\,\nu(dX)$ und $\mathsf{P}^U(dX) := \varrho^U_{11}(X)\,\nu(dX)$ definierten Wahrscheinlichkeitsmaße auf $(C_{11}, \mathfrak{B}_{11})$. Schließlich wird mit $\Phi(.)$ eine auf C_{11} defierte $\mathfrak{B}_{11}$-meßbare reellwertige Funktion bezeichnet.

Es wird die folgende Steueraufgabe betrachtet:

$$X(x, y) = \int_0^x\int_0^y (a(u, v, X) + U(u, v, X))\, dv\, du + w(x, y)\,,$$

$$R^U := \mathsf{E}_{\mathsf{P}^U}\left\{\Phi(X) + \int_0^1\int_0^1 |U(u, v, X)|^2\, dv\, du\right\} \overset{!}{=} \text{MIN}\,.$$

3. Herleitung einer Funktionalgleichung

3.1 Lemma: *Für jede zulässige Steuerung gilt*

$$R^U \geqq -2 \ln \mathsf{E}_{\mathsf{P}_0}\left(\exp\left\{-\frac{1}{2}\,\Phi(X)\right\}\right). \tag{4}$$

Beweis:

$$L := \mathsf{E}_\nu \exp\left\{-\frac{1}{2}\,\Phi(X) - \frac{1}{2}\int_0^1\int_0^1 |a(u, v, X)|^2\, dv\, du + \right.$$

$$\left. + \int_0^1\int_0^1 \langle a(u, v, X), \tilde{w}(du, dv)\rangle\right\}$$

$$= \int_{C_{11}} \exp\left\{-\frac{1}{2}\,\Phi(X) - \frac{1}{2}\int_0^1\int_0^1 |U(u, v, X)|^2\, dv\, du + \right.$$

$$+ \int_0^1\int_0^1 \langle a(u, v, X), -\tilde{w}(du, dv) + (U(u, v, X) +$$

$$\left. + a(u, v, X))\, dv\, du\rangle\right\} d\mathsf{P}^U .$$

Wendet man auf den letzten Ausdruck die Jensensche Ungleichung an, so ergibt sich

$$L \geqq \exp\left\{\int_{C_{11}}\left[-\frac{1}{2}\,\Phi(X) - \frac{1}{2}\int_0^1\int_0^1 |U(u, v, X)|^2\, dv\, du + \right.\right.$$

$$+ \int_0^1\int_0^1 \langle U(u, v, X), -\tilde{w}(du, dv) + (U(u, v, X) +$$

$$\left.\left. + a(u, v, X))\, dv\, du\rangle\right] dP^U\right\}$$

$$= \exp\left\{-\frac{1}{2}\left[\int_{C_{11}}\left(\Phi(X) + \int_0^1\int_0^1 |U(u, v, X)|^2\, dv\, du\right) d\mathsf{P}^U - \right.\right.$$

$$- 2\int_{C_{11}}\int_0^1\int_0^1 \langle U(u, v, X), -\tilde{w}(du, dv) +$$

$$\left.\left. + (U(u, v, X) + a(u, v, X))\, dv\, du\rangle\, d\mathsf{P}^U\right]\right\}. \tag{5}$$

Wegen Satz 1.2 erweist sich

$$-\tilde{w}(x, y) + \int_0^x\int_0^y (a(u, v, X) + U(u, v, X))\, dv\, du$$

als ein Wienersches Feld, und somit gilt

$$\int_{C_{11}}\int_0^1\int_0^1 \langle U(u, v, X), -\tilde{w}(du, dv) + (U(u, v, X) +$$

$$+ a(u, v, X))\, dv\, du\rangle\, d\mathsf{P}^U = 0\,.$$

Folglich ergibt sich $L \geqq \exp\left\{-\frac{1}{2}\,R^U\right\}$. Hieraus folgt

$$R^U \geqq -2 \ln \mathsf{E}_\nu \exp\left\{-\frac{1}{2}\,\Phi(X) - \frac{1}{2}\int_0^1\int_0^1 |a(u, v, X)|^2\, dv\, du + \right.$$

$$\left. + \int_0^1\int_0^1 \langle a(u, v, X), \tilde{w}(du, dv)\rangle\right\}$$

$$= -2 \ln \mathsf{E}_\nu \exp\left\{-\frac{1}{2}\,\Phi(X)\right\}\varrho^0_{11}$$

$$= -2 \ln \mathsf{E}_{\mathsf{P}_0}\left(\exp\left\{-\frac{1}{2}\,\Phi(X)\right\}\right).$$

q. e. d.

3.2 Satz: *Es sei* $R := \inf_U R^U$. *In der Ungleichung* (4) *wird das Gleichheitszeichen für*

$$U(x, y, X) = \frac{\varphi(x, y, X)}{1 + \int_0^x\int_0^y \langle \varphi(u, v, X), w(du, dv)\rangle + \psi(x, y)} -$$

$$- a(x, y, X)$$

angenommen, wobei φ *und* ψ *definiert sind durch die verallgemeinerte Clarksche Darstellung*

$$\exp\left\{\frac{1}{2}\,R - \frac{1}{2}\,\Phi(X) - \frac{1}{2}\int_0^x\int_0^y |a(u, v, X)|^2\, dv\, du + \right.$$

$$\left. + \int_0^x\int_0^y \langle a(u, v, X), \tilde{w}(du, dv)\rangle\right\}$$

$$= 1 + \int_0^x\int_0^y \langle \varphi(u, v, X), \tilde{w}(du, dv)\rangle + \psi(x, y)$$

und $\psi(x, y)$ *ein zweifaches stochastisches Integral ist.*

Beweis: Aus der Jensenschen Ungleichung folgt, daß in der obigen Abschätzung (5) das Gleichheitszeichen nur stehen kann, wenn die Integranden gleich sind. Somit ergibt sich

$$\exp\left\{-\frac{1}{2}\,R\right\} = \exp\left\{-\frac{1}{2}\,\Phi(X) - \right.$$

$$- \frac{1}{2}\int_0^1\int_0^1 |U(u, v, X)|^2\, dv\, du +$$

$$+ \int_0^1\int_0^1 \langle U(u, v, X), -\tilde{w}(\mathrm{d}u, \mathrm{d}v) + (U(u, v, X) + a(u, v, X))\,\mathrm{d}v\,\mathrm{d}u\rangle \Bigg\} .$$

Mit der Substitution $V(u, v, X) := a(u, v, X) + U(u, v, X)$ erhält man

$$\exp\left\{\frac{1}{2}R - \frac{1}{2}\Phi(X) - \frac{1}{2}\int_0^1\int_0^1 |a(u, v, X)|^2\,\mathrm{d}v\,\mathrm{d}u + \int_0^1\int_0^1 \langle a(u, v, X), \tilde{w}(\mathrm{d}u, \mathrm{d}v)\rangle\right\}$$

$$= \exp\left\{-\frac{1}{2}\int_0^1\int_0^1 |V(u, v, X)|^2\,\mathrm{d}v\,\mathrm{d}u + \int_0^1\int_0^1 \langle V(u, v, X), \tilde{w}(\mathrm{d}u, \mathrm{d}v)\rangle\right\} .$$

Wegen der Bemerkung 2.1 ist der letzte Ausdruck gleich

$$1 + \int_0^1\int_0^1 \exp\left\{-\frac{1}{2}\int_0^x\int_0^y |V(u, v, X)|^2\,\mathrm{d}v\,\mathrm{d}u + \int_0^x\int_0^y \langle V(u,v,X), \tilde{w}(\mathrm{d}u, \mathrm{d}v)\rangle\right\} \langle V(x, y, X), \tilde{w}(\mathrm{d}x, \mathrm{d}y)\rangle + \psi(1, 1) . \qquad (6)$$

Also gibt es Felder, $\varphi(u, v)$ und $\psi(u, v)$, so daß die Darstellung

$$\exp\left\{\frac{1}{2}R - \frac{1}{2}\Phi(X) - \frac{1}{2}\int_0^1\int_0^1 |a(u, v, X)|^2\,\mathrm{d}v\,\mathrm{d}u + \int_0^1\int_0^1 \langle a(u, v, X), \tilde{w}(\mathrm{d}u, \mathrm{d}v)\rangle\right\}$$

$$= 1 + \int_0^1\int_0^1 \langle \varphi(u, v, X), \tilde{w}(\mathrm{d}u, \mathrm{d}v)\rangle + \psi(1, 1) \qquad (7)$$

gilt.

Ein Vergleich der Formeln (6) und (7) liefert

$$\varphi(x, y, X) = \exp\left\{-\frac{1}{2}\int_0^x\int_0^y |V(u, v, X)|^2\,\mathrm{d}v\mathrm{d}u + \int_0^x\int_0^y \langle V(u, v, X), \tilde{w}(\mathrm{d}u, \mathrm{d}v)\rangle\right\} V(x, y, X) . \qquad (8)$$

Beachtet man wiederum die Bemerkung 2.1, so ergibt sich für die Formel (8)

$$\varphi(x, y, X) = (1 + \int_0^x\int_0^y \langle\varphi(u, v, X), \tilde{w}(\mathrm{d}u, \mathrm{d}v)\rangle + \psi(x, y))\,(a(x, y, X) + U(x, y, X))$$

und somit

$$U(x, y, X) = \frac{\varphi(x, y, X)}{1 + \int_0^x\int_0^y \langle\varphi(u, v, X), \tilde{w}(\mathrm{d}u, \mathrm{d}v)\rangle + \psi(x,y)} - a(x, y, X) .$$

q. e. d.

Literatur

1 Барахатова, И. В., Об одном подходе к проблеме управления стохастическими системами с последействием, Теор. случайн. проц. 6 (1978), 15–19.
2 Bismut, J. M., Convex functions in optimal stochastic control, J. Math. Analysis Appl. 44 (1973), 384–404.
3 Гихман, И. И., Квадратически интегрируемые разностные мартингалы двух аргументов, Теор. вероятн. и матем. статист. 15 (1976), 21–30.
4 Гихман, И. И., Об одном формуле Итô для двухпараметрических стохастических интегралов, Теор. случайн. проц. 4 (1976), 40–48.
5 Гихман, И. И.; Скороход, А. В., Управляемые случайные процессы, Издат. «Наукова Думка», Киев 1977.
6 Grecksch, W., Eine Itô-Formel für Hilbertraum-wertige zufällige Felder, erscheint in: Math. Nachr.
7 Grecksch, W.; Müller, P. H., Zur näherungsweisen Ermittiung optimaler stochastischer Steuerungen durch Diskretisierung, Math. Operationsforsch. Statist., Ser. Statist. 9 (1978), No. 3, 383–393.
8 Грекш, В., Применение теории сопряжённых функционалов к управлению случайными полями, erscheint in Украин. матем. журн.
9 Müller, H. O., Behandlung eines stochastischen Steuerproblems mit Hilfe eines abstrakten Maximumprinzipes von Spremann, ZAMM 59 (1979), 27–35.
10 Царенко, Г. И., О существовании и единственности решений стохастического уравнения Дарбу, Кибернетика, Киев 1972, № 1, 113–118.

Eingereicht: 20. 11. 1980

Anschrift: Dr. sc. Wilfried Grecksch, TH „Carl Schorlemmer“, Sektion Mathematik Geusaer Straße, DDR-4200 Merseburg

ZAMM 61, 531–532 (1981)

R. Grübel / U. Jensen

On the Moments of the Number of Renewal Epochs

It is shown that an expansion

$$\mathsf{E}N_t^n = \alpha_{n,0}t^n + \alpha_{n,1}t^{n-1} + o(t^{n-1}) , \quad t \to \infty ,$$

of the n-th moment of the number N_t of renewals up to time t may be achieved for the general non-arithmetic life-time distribution with finite second moment. Further an example is given showing that even if all moments exist an expansion with error term $o(t^{n-2})$ is in general not possible.

Let X_i, $i \in \mathbb{N}$, be independent identically distributed random variables, where $\mathbb{N}$ denotes the set of positive integers. We assume that the common distribution function F is non-arithmetic with $F(0) = 0$. For every $t \geqq 0$ let

$$N_t := \max\left\{k \in \mathbb{N} \cup \{0\} : \sum_{i=1}^k X_i \leqq t\right\}$$

be the number of renewals up to an including time t. Then a result of Smith [4] shows that the moments $\mathsf{E}N_t^n$, $n \in \mathbb{N}$, admit an expansion

$$\mathsf{E}N_t^n = \alpha_{n,0}t^n + \alpha_{n,1}t^{n-1} + \ldots + \alpha_{n,n} + o(t^{-m}) ,$$

if $\mathsf{E}X_1^{n+m} < \infty$ and F^{*n_0} has a non-vanishing absolutely continuous component for some $n_0 \geqq 1$ where F^{*n} denotes the n-fold convolution of F. Here as in the following Landau's o-symbol refers to the limit $t \to \infty$.

The purpose of this note is to show that if $\mathsf{E}X_1^2 < \infty$ an expansion

$$\mathsf{E}N_t^n = \alpha_{n,0}t^n + \alpha_{n,1}t^{n-1} + o(t^{n-1})$$

is possible without further assumptions on F, and that an expansion of $\mathsf{E}N_t^n$ with error term $o(t^{n-2})$ cannot be achieved in this general case even if all moments of X_1 exist.

The corresponding counterexample is based on a distribution function F which is concentrated on two incommensurable numbers. A distribution of this kind has also been used by ROOT [3] to obtain a counterexample in renewal theory.

In the sequel $U(t) := \mathsf{E}N_t$ denotes the renewal function, $\mathfrak{K}$ the set of all measurable functions $f\colon \mathbb{R}_+ \to \mathbb{R}$ which are bounded on compact intervals, where we have written $\mathbb{R}_+$ and $\mathbb{R}$ for the non-negative real numbers and the real numbers respectively. For every $f \in \mathfrak{K}$ the convolution $f * U$ is as usual defined by

$$f * U(t) := \int_0^t f(t-s)\, U(\mathrm{d}s)\,, \qquad t \in \mathbb{R}_+\,.$$

We will need the following two lemmas which are easy consequences of the first and the second renewal theorem respectively ([2], p. 360 and 366).

Lemma 1: *For every $m \geqq 0$, $f \in \mathfrak{K}$ with $f(t) = o(t^m)$*

$$f * U(t) = o(t^{m+1})\,.$$

Lemma 2: *For every non-arithmetic F with $\mu_2 := \mathsf{E}X_1^2 < \infty$ and every $m \geqq 0$ we have*

$$f * U(t) = \frac{1}{(m+1)\,\mu}\, t^{m+1} + \frac{\mu_2 - 2\mu^2}{2\mu^2}\, t^m + o(t^m)\,,$$

where f denotes the function $f(t) = t^m$, $t \in \mathbb{R}_+$, and $\mu := \mathsf{E}X_1$.

Theorem: *Suppose F is non-arithmetic with finite second moment. Then for every $n \in \mathbb{N}$*

$$\mathsf{E}N_t^n = \frac{1}{\mu^n}\, t^n + \frac{n^2\mu_2 - n(n+1)\,\mu^2}{2\mu^{n+1}}\, t^{n-1} + o(t^{n-1})\,.$$

Proof: For all $n \in \mathbb{N}$, $t \in \mathbb{R}_+$, we have

$$\mathsf{E}\binom{N_t}{n} = \sum_{k=n}^{\infty} \binom{k}{n} (F^{*k}(t) - F^{*(k+1)}(t)) = \sum_{k=n}^{\infty} \binom{k-1}{n-1} F^{*k}(t)$$

which implies

$$\left(\mathsf{E}\binom{N.}{n} * U\right)(t) = \mathsf{E}\binom{N_t}{n+1}$$

and therefore

$$\mathsf{E}\binom{N_t}{n} = U^{*n}(t) \qquad ([1], \text{p. } 150)\,.$$

On the other hand

$$\mathsf{E}N_t^n = n!\,\mathsf{E}\binom{N_t}{n} + \frac{1}{2}\, n(n-1)\,(n-1)!\,\mathsf{E}\binom{N_t}{n-1} + \sum_{k=2}^{n} c_{n,k}\,\mathsf{E}\binom{N}{n-k} \quad \text{for all} \quad t \in \mathbb{R}_+\,, \quad n \in \mathbb{N}\,,$$

with suitable constants $c_{n,k}$, $k \leqq n$, so it is sufficient to show

$$U^{*n}(t) = \frac{1}{n!\,\mu^n}\, t^n + \frac{n(\mu_2 - 2\mu^2)}{2(n-1)!\,\mu^{n+1}}\, t^{n-1} + o(t^{n-1})$$

for all $n \in \mathbb{N}$.

In the case $n = 1$, this is the second renewal theorem. Using the lemmas, the induction step is easily carried out.

Obviously, an expansion of the form

$$\mathsf{E}N_t^n = \frac{1}{\mu^n}\, t^n + \frac{n^2\mu_2 - n(n+1)\,\mu^2}{2\mu^{n+1}}\, t^{n-1} + \alpha_{n,2}\, t^{n-2} + o(t^{n-2})$$

is impossible for processes $(N_t)_{t \in \mathbb{R}_+}$ for which there exist a constant $c > 0$ and a sequence $(t_k)_{k \in \mathbb{N}}$ with $t_k \to \infty$ satisfying

$$N_{t_k} = N_{t_k + c/t_k} \quad \text{for all} \quad k \in \mathbb{N}\,. \tag{1}$$

We construct such a process in the following example. Since the corresponding F is concentrated on two real numbers, all moments of X_1 exist.

Example: Let X_i, $i \in \mathbb{N}$, be independent identically distributed random variables with distribution function F,

$$F(t) = \begin{cases} 0, & t < \alpha\,, \\ 1/2, & \alpha \leqq t < 1\,, \\ 1, & t \geqq 1\,, \end{cases}$$

$$\alpha := 1 - \sum_{n=1}^{\infty} m_n^{-1}\,, \qquad m_n := 10^{4^n} \quad \text{for all} \quad n \in \mathrm{N}\,.$$

Suppose a renewal takes place at time $t_0 \in \left(\alpha m_n - \frac{1}{2} m_n^{-1}, \alpha m_n\right)$. Then there exist $i, j \in \mathbb{N} \cup \{0\}$ with $t_0 = i + \alpha j$, where j lies in $\{1, \dots, m_n - 1\}$ because of $\left(\alpha m_n - \frac{1}{2} m_n^{-1}, \alpha m_n\right) \cap \mathbb{N} = \emptyset$. Thus we have a $j' \in \{1, \dots, m_n - 1\}$ with $i \in \left(\alpha j' - \frac{1}{2} m_n^{-1}, \alpha j'\right)$, which yields

$$\mathsf{E} j \in \{1, \dots, m_n - 1\} : \alpha j - [\alpha j] < \tfrac{1}{2} m_n^{-1}\,. \tag{2}$$

From (2) and the definition of α we derive a contradiction.

To this end set $\alpha' := m_n^{-1}[\alpha m_n + 1]$. We have $\alpha' > \alpha$, $\alpha' - \alpha \leqq m_n^{-3}$, so for all $i \in \{1, \dots, m_n - 1\}$

$$\alpha i - [\alpha i] \geqq \alpha' i - [\alpha' i] - m_n^{-2}\,. \tag{3}$$

Since the integers $\alpha' m_n$ and m_n have no common divisor we get

$$\alpha' i - [\alpha' i] \geqq m_n^{-1} \quad \text{for all} \quad i \in \{1, \dots, m_n - 1\}\,.$$

Using (3) we now obtain

$$\alpha i - [\alpha i] \geqq \tfrac{1}{2} m_n^{-1} \quad \text{for all} \quad i \in \{1, \dots, m_n - 1\}\,,$$

which contradicts (2).

We have therefore shown

$$N_{\alpha m_n - \frac{1}{3} m_n^{-1}} = N_{\alpha m_n - \frac{1}{4} m_n^{-1}} \quad \text{for all} \quad n \in \mathbb{N}\,,$$

from which (1) easily follows.

References

1 BARLOW, R. E.; PROSCHAN, F., Statistische Theorie der Zuverlässigkeit. Wahrscheinlichkeitstheoretische Modelle. Akademie-Verlag, Berlin 1978.

2 FELLER, W., An Introduction to Probability Theory and its Applications, 2nd ed., Volume II, Wiley, New York 1971.

3 ROOT, D., A counterexample in renewal theory, Ann. Math. Statist. **42** (1971), 1763–1766.

4 SMITH, W. L., On the cumulants of renewal processes, Biometrika **46** (1959), 1–29.

Eingereicht: 4. 8. 1980, korrigierte Fassung: 22. 1. 1981

Anschriften: Dr. RUDOLF GRÜBEL, Universität Essen-GHS, Fachbereich 6 (Mathematik), Postfach 103764, D-4300 Essen 1, BRD; Dr. UWE JENSEN, Universität Hohenheim, Institut für angewandte Mathematik und Statistik, Postfach 106/01100, D-7000 Stuttgart 70, BRD

BUCHBESPRECHUNGEN

Tinhofer, G., Zufallsgraphen, Applied Computer Science 17, München-Wien, Carl Hanser Verlag 1980, 198 S., DM 34,—. ISBN 3-446-13172-8

Die bekannten Schwierigkeiten, die bei der algorithmischen Behandlung von diskreten (kombinatorischen) Optimierungsaufgaben auftreten — insbesondere, wenn es sich um als NP-vollständig erkannte Problemtypen handelt — zwingen dazu, systematisch Näherungsalgorithmen aufzubauen und diese hinsichtlich ihrer Effizienz statistisch zu analysieren und zu beurteilen. Vielen Problemen liegt hierbei eine wohldefinierte Klasse K endlicher gerichteter oder ungerichteter Graphen zugrunde, auf der der Algorithmus operiert: um diesen hinsichtlich seiner Güte testen zu können, benötigt man einen Zufallsgenerator, der jeden Graphen aus K mit vorgeschriebener Wahrscheinlichkeit erzeugt. Dieser Problematik ist Kapitel I (Die Erzeugung von Zufallsgraphen; S. 16—93) des Buches gewidmet: Im wesentlichen auf eigene Untersuchungen zurückgreifend, entwickelt der Autor einen Rahmenalgorithmus als Prototyp eines Graphengenerators und paßt diesen verschiedenartigen Graphenklassen K an (12 Algorithmen sind explizit angegeben), wobei angenommen wird, daß alle Graphen aus K gleichwahrscheinlich sind.

In Kapitel II (Strukturelle Eigenschaften von Zufallsgraphen; S. 94—176) behandelt der Autor insbesondere die von P. Erdös und A. Rényi (1959/60) begründete Theorie der asymptotisch erscheinenden Grapheneigenschaften: die Graphen werden durch sukzessive Hinzunahme zufälliger Kanten aufgebaut, und es zeigt sich, daß bei großen Knotenzahlen gewisse Struktureigenschaften (z. B. Existenz von Kreisen, Zusammenhang) fast sicher nicht auftreten, solange die Kantenzahl m deutlich unter einer gewissen Schwelle bleibt, jedoch fast sicher auftreten, sobald m die Schwelle deutlich überschreitet. Dieses Phänomen wird im Rahmen der Theorie asymptotischen Verteilungen eingehend untersucht. Die Resultate finden ihre Anwendung ebenfalls in der Beurteilung der Effizienz graphentheoretischer Algorithmen (z. B. zum Aufsuchen eines Hamiltonkreises).

Die Ergebnisse beider Kapitel ermöglichen somit Aussagen etwa der Gestalt, daß ein bestimmter Algoritmus fast immer (oder: fast immer in vertretbarer Zeit) zum (fast richtigen) Ergebnis führt.

Der Autor hat mit seinem Buch eine Lücke geschlossen und einen bemerkenswerten Beitrag zur Theorie der Zufallsgraphen und der graphentheoretischen Algorithmen geleistet. Wenn auch die in der technisch-ökonomischen Praxis angetroffenen Kollektive von (meist bewerteten) Graphen i. allg. eine schwer beschreibbare und sicher weitaus kompliziertere stochastische Gestalt haben als die im Buch behandelten — vor allem in der Annahme der Gleichverteilung sieht der Rezensent eine starke Idealisierung — so muß doch hoch anerkannt werden, daß der Autor zugleich einem großen praktischen Bedürfnis nachgekommen ist und die Tür zu weiteren Untersuchungen weit geöffnet hat.

Ilmenau H. Sachs

Encarnacao, J. (ed.), Computer Aided Design Modelling Systems Engineering, CAD-Systems, CREST Advanced Course, Darmstadt 1980, Lecture Notes in Computer Science 89, Berlin-Heidelberg-New York, Springer-Verlag 1980. XIV, 461 S., 219 Abb., DM 45,50. US $ 26.90. ISBN 3-540-10242-6

Der Band vereint Manuskripte von Vorträgen, die während eines CREST-Advanced-Course der Technischen Universität Darmstadt im September 1980 gehalten wurden. Durch vorherige Absprache wurden eine gute Gliederung erreicht und Überschneidungen ausgeschlossen; somit kann das Buch als erste Einführung in das Gebiet des computergestützten Entwurfs (Computer-Aided-Design: CAD) in Architektur, Kartographie, industrieller Formgestaltung etc. dienen. (Die Anwendung in der Elektronik hat eigene Spezifika und wird hier nicht behandelt.)

Der erste Teil des Buches stellt die mathematischen Grundlagen der Modellierung in CAD grob dar. A. Requicha stellt verschiedene Darstellungsmöglichkeiten für Festkörper vor (dieses Kapitel wirkt etwas schwerfällig); ein Kapitel von M. A. Wesley ist der Konstruktion und Nutzung von geometrischen Modellen gewidmet. Kapitel 3 und 4 (H. Nowacki) behandeln die Darstellung und Glättung von Kurven und Flächen (insbesondere wird ein Überblick über Interpolations- und Fairing-Methoden gegeben) bzw. die auf Optimierungsprobleme hinauslaufende Entscheidungsfindung bei der Modellierung.

In Teil 2 werden ingenieurtechnische Aspekte von CAD Systemen betrachtet wie: Entwurf von Datenbasen (K. BØ)-Anforderungen an CAD-Datenbasen (T. Neumann) und Standardisierung von Datenbasen (E. G. Schlechtendahl). Weitere Kapitel von BØ behandeln im Überblick die gegenwärtigen Hardware-Möglichkeiten für Computergrafik und CAD und ihre Nutzung sowie Probleme der Mensch-Maschine-Wechselwirkung.

Schließlich wird in einem dritten Teil kurz auf CAD-Systeme eingegangen: Schlechtendahl behandelt den Entwurf von CAD-Systemen; ein Kapitel von H. Tucker befaßt sich mit integrierten CAD-Systemen. Im letzten Kapitel (BØ) werden Entscheidungshilfen für Anschaffung und Einsatz von CAD-Systemen gegeben.

Das Buch vermittelt somit gute Vorstellungen über Anforderungen, Möglichkeiten und Grenzen des computergestützten Entwurfs.

Berlin H. Strese

Künzi, H. P. / Krelle, W. / von Randow, R., Nichtlineare Programmierung. Unter Mitwirkung von W. Oettli. Zweite, neubearb. u. erw. Aufl., Hochschultext. Berlin-Heidelberg-New York, Springer-Verlag 1979. XIV, 262 S., 36 Abb., DM 49,—, US $ 27.00. ISBN 3-540-09343-5

Seit Jahren ist Mathematikern, die sich mit Lösungsverfahren für Probleme der nichtlinearen Programmierung (NLP) beschäftigen, der „Künzi-Krelle", d. h. die erste Auflage des vorliegenden Buches aus dem Jahre 1962, ein fester Begriff, bekannt für seine klare und anschauliche Darstellung der wichtigsten Methoden insbesondere der quadratischen Programmierungsprobleme, wie es etwa dem damaligen Stand in der Entwicklung der NLP entsprach. Man konnte also gespannt sein, wie sich die 17 Jahre später erschienene „zweite, neubearbeitete und erweiterte" Auflage von der ersten unterscheiden würde, zumal ein weiterer Autor dazugekommen ist, der weitgehend für dem Teil III, Allgemeine NLP, verantwortlich zeichnet. Nach Meinung des Referenten ist die Neubearbeitung und Erweiterung dem Buch recht gut bekommen. Es hat nichts an seiner Klarkeit und guten Lesbarkeit eingebüßt, auch gibt es keinen Bruch in Stil und Methodik. Da man heute viele Bücher, auch zu Verfahren der NLP, kennt, scheint es begrüßenswert, daß die quadratische Programmierung Hauptthema geblieben ist. Ihr ist der gesamte zweite Teil gewidmet. Dabei wurde in der bereits bekannten Weise verfahren, daß — nach einer kurzen Einführung — die wichtigsten Verfahren vorgestellt und in ihren Vor- und Nachteilen (Stand etwa 1978) beurteilt werden (Hildreth und d'Esopo, Beale, Wolfe, Barankin und Dorfman, Frank und Wolfe, Gradientenverfahren, projizierte Gradienten nach Rosen, zulässige Richtungen nach Zoutendijk; die letzten zwei, drei mit Hinweisen auf allgemeinere Verfahren im Teil III — das Verfahren von Theil und van de Panne sowie die Multiplex-Methode von Frisch fehlen). Zum besseren Vergleich werden alle am selben Beispiel illustriert. — Teil III ist praktisch neu, auch die Beispiele, soweit welche verwendet werden, da bei allgemeineren Methoden gering-dimensionierte Beispiele oft wenig Aussagekraft haben. Er beginnt mit einer Einführung in die NLP, eine Theorie etwa im Sinne des Buches von Stoer und Witzgall wird nicht gegeben, das entspräche auch nicht den Intentionen der Verfasser. Es wird — mit häufigen Rückgriffen auf den Spezialfall der quadratischen Programmierung — wieder eine Reihe von Verfahren beschrieben und gewertet, u. zw. zunächst eindimensionale Methoden, die oft als Hilfsmittel für andere benötigt werden (Fibonacci-Verfahren, Goldener Schnitt, Powell, Swann), danach freie Programmierungsverfahren (steilster Abstieg, Newton, Davidon-Fletcher-Powell, Rang-1-Korrektur, Broyden-Fletcher-Goldfarb-Shanno, Fletcher-Reeves, Powells ableitungsfreies Verfahren). Die weiteren Verfahren für restringierte Probleme werden in Gruppen vorgestellt: Das Verfahren von TOPKIS und VEINOTT, die Methode der reduzierten Gradienten, Schnittebenenverfahren (KELLEY, KLEIBOHM-VEINOTT), Straffunktionsverfahren (innere und äußere), sowie die Zentrenmethode von HUARD. Überall werden wirklich allgemeine nichtlineare Probleme betrachtet, der konvexe Fall wird nur in einigen Kapiteln separat untersucht. — Natürlich gibt es wieder einen einführenden ersten Teil, der die mathematischen Grundlagen in übersichtlicher Weise darstellt und kaum geändert wurde; nur das Kapitel über konvexe Programme wurde um einen Abschnitt über Dualität erweitert. Nach Meinung des Referenten dürfte das Buch weiterhin seinen Platz behaupten und denen, die sich Auskunft über Verfahren der NLP verschaffen möchten, eine wertvolle und freundliche Hilfe sein. Die zahlreichen Literaturhinweise gestatten jederzeit ein tieferes Eindringen in die jeweilige Problematik.

Berlin H. WEINERT

Prékopa, A. (Ed.), Survey of Mathematical Programming. Proceedings of the 9th International Mathematical Programming Symposium, Budapest 1976. Vol. 1: 550 S., Vol. 3: 412 S., Budapest., Akadémiai Kiadó 1979. ISBN 963-05-1483-4 Vols 1–3

Die dreibändige Sammlung von Aufsätzen stellt eine Auswahl etwa der Hälfte der auf dem 9. International Mathematical Programming Symposium in Budapest 1976 gehaltenen Vorträge dar. Die Arbeiten, in der Mehrzahl verfaßt von bekannten Autoren, sind in 12 Teilen zusammengefaßt, die mehr oder weniger die allgemein übliche Einteilung der mathematischen Optimierung reflektieren. Im ersten Band findet der Leser 11 Beiträge zur linearen Optimierung und Spieltheorie, 17 Arbeiten zur Theorie der nichtlinearen Optimierung und 15, die sich mit Methoden dazu beschäftigen. Der zweite Band beinhaltet 5 Vorträge zum Komplex Komplementarität und Fixpunkte, 18 zur stochastischen und dynamischen Optimierung, 7 Arbeiten über Optimierung in Netzwerken, 8 zu Graphen und Kombinatorik und 14 Aufsätze zur diskreten Optimierung. Während die ersten beiden Bände vorwiegend theoretisch gehaltene Artikel vereinigen, ist der dritte Band den direkt anwendungsbezogenen Arbeiten vorbehalten. Mit der Software-Entwicklung beschäftigen sich drei Autorengruppen und 5 Beiträge mit der anwendungsgerechten Ausbildung in mathematischer Optimierung. Anwendungen in der Industrie und im Ingenieurwesen stehen im Mittelpunkt von 12 Publikationen, und 11 Artikel befassen sich mit Anwendungen in Sozial- und Naturwissenschaften. Die große Zahl interessanter qualitätvoller Beiträge verhindert eine Hervorhebung einzelner hier in diesem Rahmen.

Fehlen sollten die Sammelbände in keiner größeren wissenschaftlichen Bibiothek.

Berlin B. BANK

Fixpunktsätze, Quasi-Variationsungleichungen und mehrwertige Abbildungen (15). Jedem der weitgehend selbständigen Kapitel (und auch jedem Abschnitt) ist eine Einleitung zum Inhalt, zum Ziel und z. T. zur Motivation vorangestellt; das und der funktionalanalytische Apparat ermöglichen dann eine dichte einheitliche Darstellung des Stoffes.

Aus dem umfangreichen Problemkreis seien kurz einige Themen angedeutet. Am Beginn steht die Existenz von Optimallösungen (unter Voraussetzung unterhalbstetiger Zielfunktionen) und damit zusammenhängende Stetigkeit- und Kompaktheitsfragen. Es folgen Untersuchungen zur Lösungsfunktion und Optimalmengenabbildung (allgemein: Punkt-Mengen-Abbildungen) im Rahmen von Klassen „gestörter" Aufgaben. Verschiedene Differenzierbarkeitskonzepte werden geprüft, die Variationsungleichung (als Optimalitätsbedingung) und EKELANDS approximiertes Variationsprinzip gezeigt. Die spieltheoretischen Darlegungen gehen von Minimaxsätzen und insbesondere von KY-FANS Ungleichung aus. Die engen Wechselbeziehungen zwischen Gleichgewichtssituationen (einschließlich z. B. des Falls gestörter Strategiemengen, vgl. ARROW, DEBREU) und Fixpunktaussagen bilden den Mittelpunkt des Kapitels über nichtkooperative n-Personenspiele (BROUWERS und KAKUTANIS Fixpunktansätze erschienen als Nebenprodukte). In der Theorie der kooperativen Spiele wird das Verhalten der Koalitionen in den Vordergrund gerückt (vgl. W. F. LUCAS); von der kollektiven und individuellen Rationalität ausgehend, über Paretooptimale Strategien, unter Einbeziehung von Drohstrategien werden verschiedene Lösungskonzepte diskutiert: die Nashsche Verhandlungslösung, der Kern, SHAPLEY-Wert und Nucleos. Dabei wird von vornherein ein solcher Ansatz gesucht, daß sich die Untersuchung von FUZZY-Spielen nahtlos einfügt. Schließlich wendet sich der Verf. im letzten Teil ganz unendlichdimensionalen Räumen zu, es werden pseudomonotone, monotone Operationen und zugehörige Variationsungleichungen auf Grundlage von Minimax-Sätzen betrachtet, die Dualitätstheorie ausgeweitet und Aufgaben mit Integral-Zielfunktionen studiert (Variationsrechnung, PONTRJAGINS Maximumprinzip), sowie die Lösbarkeit allgemeiner Gleichungen. Es findet sich hier eine Reihe neuer Ergebnisse, die in den letzten Jahren insbesondere auch von der französichen Schule erzielt wurden.

Parallel zu den einzelnen Themen werden Anwendungsmodelle vorgestellt, diskutiert und Ergebnisse interpretiert (u. a. Ressourcenaufteilungsprobleme, Produktions-, Nachfrage- und Preismodelle, Marginalwerte, Duopolmodelle, der Kern einer Wirtschaft, optimale Stoppregeln).

Das Buch gibt einen guten Einblick in den derzeitigen Stand der mathematischen Erschließung der Optimierungsproblematik und von Teilen der Spieltheorie. Der hervorgehobene funktionalanalytische Standpunkt verdeckt allerdings einige Besonderheiten dieser Gebiete (bewußt wurden auch Lösungsverfahren ausgeklammert). Anzumerken sind schließlich noch viele Druckfehler und ein ungenügendes Sachregister (letzteres allerdings kompensiert durch ein sehr ausführliches Inhaltsverzeichnis).

Berlin K. LOMMATSCH

Aubin, J. P., Mathematical Methods of Game and Economic Theory. Studies in Mathematics and its Applications 7. Amsterdam-New York, North-Holland Publ. Co. 1979. XX, 620 S., US $ 109.75. Dfl. 225.00. ISBN 0-44-85184-4

Unter dem allgemeinen Titel verbirgt sich — wie auch vom Autor im Vorwort angemerkt — eine moderne funktionalanalytische Darstellung einiger zentraler Kapitel der mathematischen Ökonomie, Optimierung, Spieltheorie und Steuertheorie. Das in drei Teile gegliederte Buch (Optimierung und konvexe Analysis, Spieltheorie und das WALRAS-Modell, Nichtlineare Analysis und optimale Steuertheorie) enthält im einzelnen folgende Kapitel: Minimumprobleme und Konvexität (1), Existenz, Eindeutigkeit und Stabilität von Optimallösungen (2). Kompaktheit und Stetigkeitseigenschaften (3), Differenzier- und Subdifferenzierbarkeit: Charakterisierung von Optimallösungen (4), Einführung in die Dualitätstheorie (5), Zweipersonenspiele: Einführung, Existenzsätze (6, 7), das Walrassche Modell (8), Nichtkooperative n-Personenspiele (9), Lösungskonzept kooperativer Spiele (10), Spiele mit Seitenzahlungen (11) und ohne Seitenzahlungen (12), Minimax-Ungleichungen, monotone mehrwertige Abbildungen und γ-konvexe Funktionen (13), Einführung in die Variationsrechnung und Steuertheorie (14),

Gasser, T. / Rosenblatt, M. (eds.), Smoothing techniques for curve estimation, Proceedings, Heidelberg 1979. Lecture Notes in Mathematics 757. Berlin-Heidelberg-New York, Springer-Verlag 1979. V, 245 S., 29 Abb., DM 25,—. US $ 13.80. ISBN 3-540-09706-6

In these proceedings are contained 12 papers on a very topical thema in the mathematical statistics. Here are discussed different approaches on curve estimation resp. characterization of curves. These papers are very stimulating.

In the paper "A tree-structured approach to nonparametric multiple regression" by J. A. FRIEDMAN is discussed the interpolation and extrapolation of observations. The basic idea is the use of a binary tree where the problem of the splitting rule and stopping rule is investigated. The proposed nonparametric method is quite good realizable on computers and has sufficiently good statistical properties. In the paper "Kernel estimation of regression functions" by TH. GASSER and H.-G. MÜLLER is considered the curve smoothing with kernel estimations. There is proposed a new kernel estimation and one finds a comparison of this one with other known estimations. There is discussed the consistency and efficiency of kernels and the optimal choice of kernels in given classes. For instance a minimum variance kernel of given order is characterized. G. H. GOLUB and CH. VAN LOAN discuss in the paper "Total least squares". Here is included the case that the experimental design matrix is also disturbed by a noise. The authors give a solution for some minimum problems and investigate especially the close connection to the ridge regression. C. L. MALLOWS gives in his paper "Some theoretical results on Tukey's 3R smoothers" results on median smoothers. Here are considered Tukey's median-3-smoother and iterations of it and properties are discussed, then the Hampel concept of the breakdown point is investigated for smoother and the breakdown probability of a smoother is defined. In the paper "Bias- and efficiency-robustness of general M-estimators for regression with random carriers" the authors R. MARONNA, O. BUSTOS and V. YOHAI consider M-estimators and calculate the influence function and the breakdown point and give conditions for bias-robustness. They discuss the efficiency of such estimators and then they consider the use of robust covariances. R. D. MARTIN introduces in the paper "Approximate conditional-mean type smoothers and interpolators" a class of robust smoothers. For the used assumption on the conditional density is not fulfilled in general the author proves a continuity theorem. Approaches for implementing the robust smoothers are discussed. In the paper "Optimal convergence properties of kernel estimates of derivatives of a density function" the authors H.-G. MÜLLER and TH. GASSER consider kernel estimates for the derivatives of a probability density which satisfies smoothness conditions. They derive the rate of convergence of the local and of the integrated mean square error by restricting to kernels with a compact support. Optimal kernel functions for estimating the first three derivatives are given. E. PARZEN describes in his paper "Density-quantile estimation approach to statistical data modelling" the density-quantile function approach to statistical analysis of a sample as involving five phases requiring the study of various population raw and smoothed quantile and density-quantile functions. In the paper "Global measures of deviation for kernel and nearest neighbor density estimates" M. ROSENBLATT studies some global measures of deviation for kernel estimates and shows that these may depend less on tail behavior of the density function than in the case of nearest neighbor estimates. He finds the unstable behavior of the bias of nearest neighbor density estimates in the tails. W. STUETZLE and Y. MITTAL consider in the paper "Some comments on the asymptotic behavior of robust smoothers" the running M-estimates and determine the rate of convergence. F. UTRÉRAS D. studies in the paper "Cross-validation techniques for smoothing spline functions in one or two dimensions" spline smoothers. First he gives a theorem on the behaviour of the eigenvalues associated with a spline function. Then he obtains a fast algorithm for choosing the smoothing parameters with cross-validation techniques. G. WAHBA considers in the paper "Convergence rates of 'thin plate' smoothing splines when the data are noisy" the estimations of a smooth curve which is observed in discrete time points. Here convergence rates for the smoothers are given and minimization methods for nonlinear functionals are discussed.

In all these papers are contained very interesting results and in such a way this book is a very important contribution in statistics.

Berlin H. LÄUTER

Oden, J. T. (Ed.), Computational Methods in Nonlinear Mechanics. Proceedings of the TICOM Second Intern. Conference, Austin, Texas, March 1979. Amsterdam-New York, North-Holland Publ. Co. 1980. VIII, 540 S., US $ 68.25. Dfl. 140.00. ISBN 0-444-85382-0

Auf der 2. Internationalen Konferenz „Computational Methods in Nonlinear Mechanics" (TICOM), die vom 26. bis 29. 3. 1979 an der Universität von Texas in Austin stattfand, wurden über 50 geladene Haupt- und Spezialvorträge und ca. 150 gemeldete Vorträge gehalten. Der von J. T. ODEN vorgelegte Tagungsband enthält 26 ausgewählte Vorträge zur Lösung mechanischer Aufgabenstellungen mit Hilfe von EDVA und zur numerischen Mathematik. Unter diesen aufgenommenen Vorträgen weiter auszuwählen und zu werten ist für einen Rezensenten eine kaum lösbare Aufgabe, die nur sehr subjektiv behandelt werden kann.

Besondere Beachtung verdienen die ausführlichen Vorträge von J. H. ARGYRIS u. a. über „Lösungstechniken für elastische und nichtelastische große Deformationen bei Eulerscher bzw. Lagrangescher Betrachtungsweise" (42 Seiten), von C. S. DESAI und H. V. PHAN über „Dreidimensionale FEM-Lösungen unter Berücksichtigung von Material- und geometrischen Nichtlinearitäten" (20 Seiten) und von J. C. NAGTEGAAL und J. E. DE JONG über „Aspekte der rechentechnischen Realisierung elastisch-plastischer Aufgaben mit großen Dehnungen" (38 Seiten). Diese 3 Beiträge geben einen ausgezeichneten Überblick über den derzeitigen Stand der Lösungsmöglichkeiten für mechanische Modelle mit geometrisch und physikalisch nichtlinearen Eigenschaften. Nichtlineare Aufgaben der Strömungsmechanik findet man nicht in gleicher Ausführlichkeit behandelt. Genannt seien die Beiträge von J. DOUGLAS über „Die numerische Simulation von Mischbewegungen in porösen Medien", von M. F. WHEELER und B. L. DARLOW, die den gleichen Problemkreis mit Hilfe der Methode von GALERKIN unter Verwendung von Straffunktionen behandeln, 2 Beiträge von C. E. PEARSON und S. M. KAWAHARE über „nichtlineare Strömungen im Flachwasser" und ein Beitrag von J. R. WHITEMANN und D. HARRISON über „Die numerische Lösung gekoppelter zweidimensionaler Modelle viskoser Strömungen/Wärmeleitung". Von den Beiträgen zur numerischen Mathematik verdienen die Arbeiten von I. BABUŠKA und W. C. RHEINBOLDT über „Zuverlässige Fehlerschätzungen u. Netzadaption bei der FEM" (32 Seiten) und von Y. YAMAMOTO über „Eine Erweiterung des Ritzschen Verfahrens" (20 Seiten) besonders herausgehoben zu werden. Daneben enthält der Tagungsband zahlreiche kurze Beiträge zu speziellen Problemen von denen der Rezensent die Ausführungen von J. E. AKIN über die rechentechnische Realisierung numerischer Lösungsverfahren für lokale Singularitäten, wie sie vor allem in der Bruchmechanik auftreten, mit besonderem Interesse gelesen hat.

Die von J. T. ODEN ausgewählten Beiträge verdeutlichen in ihrer Gesamtheit die großen Fortschritte, die in den letzten Jahren zur Überwindung der „nichtlinearen Barriere" erreicht wurden. Sie sind in gleicher Weise für Mechaniker, Mathematiker und Rechentechniker von Interesse und fördern den Erfahrungsaustausch zwischen Spezialisten unterschiedlicher Disziplinen.

Magdeburg J. ALTENBACH

Heitz, S., Mechanik fester Körper. Mit Anwendungen in Geodäsie, Geophysik und Astronomie. Band 1: Grundlagen, Dynamik starrer Körper. Bonn, Dümmler 1980. X, 339 S., 38 Abb., DM 48,–. ISBN 3-427-78951-9

Der vorliegende Band enthält eine geschlossene Darstellung der Newtonschen Mechanik, soweit sie zur Behandlung von Punkt- und Starrkörpersystemen notwendig ist. Dabei sind die kinematischen Grundlagen so weit vorbereitet, daß in einem angekündigten 2. Band auch elastische Kontinua behandelt werden können. Als Beispiele werden — wie es der Untertitel des Buches verspricht — Anwendungen aus der Geodäsie, Geophysik und Astronomie gebracht. Dazu gehören die Mechanik der Gravimeter und Gradiometer, die Kreiseleigenschaften „einer starren Erde", die Keplerschen Gesetze und die ungestörte und gestörte Bewegung von künstlichen Erdsatelliten.

In der Darstellung der mechanischen Prinzipien und Theoreme wird ausschließlich die Tensordarstellung (kartesische Tensoren) verwendet. Die Vorteile, die sich daraus für die eindeutige Darstellung komplizierter räumlicher Bewegungen, also gerade auch für Geodäsie und Astronomie ergeben, sind unbestritten. Die stärkere Formalisierung führt jedoch zu einer gewissen Unanschaulichkeit physikalischer Größen, die das Verständnis für alle diejenigen Leser erschweren dürfte, die die Gesetze der Newtonschen Mechanik nicht schon in anderer Darstellung kennen. Dagegen wird das Buch für alle die ein Gewinn sein, die eine kurz gefaßte und knappe Darstellung der Mechanik in tensorieller Darstellung suchen — auch dann, wenn sie andere Anwendungen als Geodäsie und Astronomie im Sinn haben.

Magdeburg U. FISCHER

Magrab, E. B., Vibrations of Elastic Structural Members. Mechanics of Structural Systems 3. Alphen aan den Rijn, Sijthoff & Noordhoff Intern. Publ. 1979. XIV, 390 S., Dfl. 120.00/$60.00. ISBN 90-286-0207-0

Als Rezensent eines neuen Fachbuches über das Schwingungsverhalten elastischer Tragwerkselemente muß man zu der Frage Stellung nehmen, wie es gelungen ist, die Reihe der vorhandenen

Bücher sinnvoll zu ergänzen, d. h., man muß den Stellenwert des neu vorgelegten Buches im Ensemble vergleichbarer Fachbücher festlegen. Die Fülle theoretischer Untersuchungen und die Differenziertheit der Anwendungen erfordern im Interesse der Überschaubarkeit der Darstellung eine Beschränkung auf Schwerpunkte.

E. B. MAGRAB hat kompromißlos eine Einengung des Gesamtgegenstandes vorgenommen. Sein Buch ist eine zusammenfassende Darstellung der Grundlagen und Anwendungen der Berechnung des dynamischen Verhaltens elastischer Tragwerkselemente auf der Grundlage der Entwicklung nach Eigenfunktionen. Es werden nur homogene isotrope linear-elastische Elemente behandelt: Seil, Membran, Bernoulli-Euler-Balken, Timoshenko-Balken, Kirchhoff-Platte, Mindlin-Timoshenko-Platte, allgemeine Rotationsschale und Berücksichtigung des Querkraftschubes und der Rotationsträgheit und als Spezialfälle die Theorien von Flügge-Lurje und LOVE bzw. die Membrantheorie, Zylinderschale, Kugelschale. Auch für die Zylinder- und Kugelschale werden die bekannten klassischen Vorstellungen in verbesserte Theorien für dickere Schalen eingeordnet. Jedem Element ist ein geordnetes Kapitel gewidmet. Das methodische Herangehen ist für alle Elemente gleich: Formulierung der Energiefunktionale unter der Annahme konservativer linear-elastischer Systeme, Ableitung der Differentialgleichungen und Randbedingungen, Wellenausbreitungsprobleme unter der Annahme unendlicher oder semiunendlicher Elemente, Eigenwerte, Eigenfunktionen, erzwungene Schwingungen, Einfluß konzentrierter Massen, Sonderprobleme. Alle Aufgaben werden in großer Allgemeinheit behandelt. Die aufgenommenen Beispiele haben mehr akademischen Charakter und dienen vor allem dem Vergleich der verschiedenen möglichen mechanischen Modelle bzw. Theorien bezüglich einer qualitativ und quantitativ richtigen Erfassung des dynamischen Verhaltens. Als Kapitel 1 sind in kurzer, übersichtlicher Form die erforderlichen mathematischen Grundlagen zusammengefaßt; orthogonale Funktionen, Variationsrechnung, Integraltransformationen, Laplacetransformationen zur Lösung von Differentialgleichungen, Lösungsverhalten linearer Systeme.

Das Buch ist aus Vorlesungen für Ingenieure hervorgegangen und zeichnet sich durch eine klare Darstellung aus. Sicher mögen viele für die Anwendung wichtige Fragen (Einfluß physikalischer oder konstruktiver Anisotropien, Schicht- bzw. allgemeine komposite Werkstoffe, dissipative Systeme, Nichtlineare Einflüsse u. a. m.) vermissen.

Durch die starke Beschränkung des Gesamtgebietes sind jedoch die verbleibenden Aufgaben umfassend behandelt. Das Buch ist für die ausgewählten Schwerpunkte eine zuverlässige Monographie, die das oft mühsame Suchen spezieller Lösungen in der Spezialliteratur erspart. Es kann daher allen am Gegenstand Interessierten empfohlen werden.

Magdeburg J. ALTENBACH

Marguerre, K. / Wölfel, H., Technische Schwingungslehre, Lineare Schwingungen vielgliedriger Strukturen, Mannheim-Wien-Zürich, B.I.-Wissenschaftsverlag 1979, 338 S., ISBN 3-411-01562-4

Um es gleich vorweg zu nehmen: Mit den „Linearen Schwingungen vielgliedriger Strukturen" ist ein interessantes, leicht verständlich geschriebenes Buch erschienen, das namentlich dem Lernenden eine große Hilfe sein kann. Der Stoff ist im wesentlichen empirisch geordnet, das Buch beginnt deshalb mit dem Ein- und Zweimassenschwinger (Kap. A und B), dazu kommt das eindimensionale Kontinuum: Stab und Balken. Die von Anfang an benutzte Matrix-Schreibweise erleichtert dem Lernenden das Verständnis der späteren Kapitel. Zu begrüßen ist auch, daß viel Wert auf die Darlegung der verschiedenen Möglichkeiten der Aufstellung der Bewegungsgleichungen gelegt wird. Die dabei benutzten energetischen Verfahren werden auch gleich genutzt, um Näherungsverfahren für nichtlineare Modelle einzuführen. Am Beispiel des Schwingers mit 2 Freiheitsgraden werden die wichtigsten Eigenschaften von Systemen mit endlich vielen Freiheitsgraden dargelegt. Dabei können allerdings viele numerische und Näherungsmethoden, z. B. zur Eigenfrequenzanalyse, nicht berücksichtigt werden. Auch fehlen Fragen der Stabilität, Systeme mit veränderlichen Parametern und Schwinger mit stochastischer Erregung völlige. Etwa die Hälfte des Buchumfanges nimmt eine ausführlich und übersichtliche Darlegung verschiedener Methoden der Aufstellung der Bewegungsgleichungen für Strukturen aus Stäben, Balken und starren Körpern ein. Dazu gehören die Methode der finiten Elemente mit den Varianten Verschiebungs- und Kraftgrößenmethode sowie als eine Art Übertragungsverfahren die Methode der kinetischen Einflußzahlen. Es schließen sich jeweils Hinweise für die Lösung der entstehenden Gleichungen an. Auch werden die Verfahren bezüglich ihrer gegenseitigen Vorzüge und Nachteile kritisch gewertet.

Am Ende der einzelnen Kapitel stehen Übungsaufgaben, deren Lösungen am Ende des Buches angegeben sind. Die Anschaulichkeit des Textes wird durch die reiche Bebilderung mit Strichzeichnungen unterstützt. Der Stil ist flüssig, z. T. unkonventionell, ohne jedoch die wissenschaftliche Exaktheit der Darlegungen in irgend einer Weise zu gefährden.

Magdeburg U. FISCHER

Collet, P. / Eckmann, J.-P., Iterated Maps on the Interval as Dynamical Systems, Progress in Physics 1, Basel-Boston-Stuttgart, Birkhäuser Verlag 1980, VII, 248 S., DM 30,–. ISBN 3-7643-3026-0

Thema des Buches ist die Dynamik, die von einer differenzierbaren Abbildung f des Intervalls $I = [-1,1]$ in sich auf diesem Intervall erzeugt wird. Gefragt wird u. a. also nach den Orbits $t, f(t), f^2(t)$.... von Punkten t aus I, nach den Limesmengen, gegen die sich Orbits häufen, nach charakteristischen invarianten Mengen (das sind Mengen A in I, für die $f(A) = A$ gilt) und schließlich nach Maßen auf I, die bei f invariant sind. Unter den Orbits verdienen die periodischen (für die mit positivem n einmal $f^n(t) = t$ gilt) besonderes Interesse. Wichtig ist auch die Frage, wie sich die Dynamik ändert, wenn f in Abhängigkeit von einem reellen Parameter variiert (Bifurkation).

Denkt man an naheliegende Anwendungen aus den Naturwissenschaften (etwa an Modelle von Evolutionsprozessen), so mag der hier gesteckte Rahmen recht eng erscheinen, ein Eindruck, der noch dadurch bestärkt wird, daß über f eine Reihe von einschränkenden Voraussetzungen gemacht werden muß: f soll an der Stelle 0 ein Maximum mit dem Wert 1 haben, und die Ableitung f' soll auf $[-1,0)$ positiv und auf $(0,1]$ negativ sein. So berechtigt dieser Einwand zu sein scheint, so einfach ist auch die Rechtfertigung der hier gemachten Beschränkung: schon der hier betrachtete Fall ist kompliziert genug, und die in den letzten Jahren erzielten Ergebnisse sind so schön und z. T. auch überraschend, daß man hoffen kann, einen Zipfel von wichtigen allgemeinen Gesetzmäßigkeiten erfaßt zu haben.

Was bietet das Buch im einzelnen: Nach einem über 60 Seiten langen Einleitungskapitel, in dem Veranschaulichungen und Motivationen gegeben werden, folgt als 110-seitiger Hauptteil die Untersuchung der von einer Abbildung erzeugten Dynamik, an die sich dann als letzter etwa 60-seitiger Teil die Diskussion von einparametrigen Scharen von Abbildungen anschließt. Grundlage für fast alle Untersuchungen sind die hier als „Reisepläne" (itineraries) bezeichneten von MILNOR und THURSTON eingeführten kombinatorischen Invarianten, die für einen Punkt t aus I angeben, welche der Punkte $f^n(t)$ links oder rechts von 0 liegen oder mit 0 zusammenfallen. Als erste Anwendung ergeben sich Aussagen über die Existenz periodischer Orbits (z. B. der Satz von ŠARKOVSKII). Für weitere Ergebnisse muß vorausgesetzt werden, daß die Schwarzsche Ableitung

$$sf = \frac{f'''}{f'} - \frac{3}{2}\left(\frac{f''}{f'}\right)^2$$

negativ ist. Behandelt werden dann Intervalle, auf denen alle iterierten Abbildungen f^n eineindeutig sind, Bedingungen für die topologische Konjugiertheit von Abbildungen, die sog. sensitive Abhängigkeit von Anfangswerten und schließlich maß- und ergodentheoretische Aussagen. Bei den einparametrigen Scharen von Abbildungen sei hier nur eine gewisse Regelmäßigkeit der Lage von Bifurkationsparametern im Parameterintervall hervorgehoben, die 1978/79 von M. FEIGENBAUM numerisch bemerkt wurde und hier durch dynamische Methoden im Raum aller Abbildungen $f: I \to I$ einer theoretischen Klärung nähergeführt wird.

Entsprechend dem Anspruch der Reihe, die durch das Buch eröffnet wird, werden neueste Forschungsergebnisse berücksichtigt, darunter auch solche von den Autoren selbst. Der Stil ist durch mathematische Präzision und durch das Streben nach Veranschaulichung und Motivierung bestimmt. Auf Zusammenhänge mit allgemeineren Fragen (Dynamik in höherdimensionalen Räumen) wird in speziellen Abschnitten eingegangen. Auch kurze historische Hinweise werden gegeben.

Berlin H. G. BOTHE

Gumowski, I. / Mira, C., Dynamique chaotique. Transformations ponctuelles, Transition Ordre-Désordre. Toulouse, Cepadues Editions 1980. 480 S.

Wie in dem oben besprochenen Buche wird auch hier die durch eine Abbildung definierte Dynamik behandelt. Allerdings ist jetzt der Rahmen viel weiter gespannt. Das zeigt schon ein Blick auf das Inhaltsverzeichnis: Auf ein einführendes erstes Kapitel mit einem historischen Abschnitt folgt Kapitel 2 über Abbildungen eines Intervalls. Obwohl dieses Kapitel nur etwa 65 Seiten lang ist, behandelt es weit umfangreichere Klassen von Abbildungen als das genannte andere Buch. So werden u. a. der Fall zweier Extrema und stückweise stetige Abbildungen diskutiert. Kapitel 3 ist den kritischen Punkten (das sind eventuell ausgeartete Fixpunkte) von Abbildungen höherdimensionaler Koordinatenräume R^n gewidmet. Es werden hier lokale Eigenschaften und das Bifurkationsverhalten einiger Singularitäten beschrieben. Globale Fragen in R^2 sind das Thema des 4. Kapitels, wobei u. a. die durch einen kritischen Punkt gehenden invarianten Kurven und Attraktoren beschrieben werden. Das Kapitel befaßt sich mit Abbildungen der Ebene R^2 von der Form $f(x, y) = (y + F(x), -x + F(y + F(x))$. Diese Abbildungen erhalten das Lebesguesche Maß (konservative Dynamik). Für spezielle Funktionen F werden hier numerische Ergebnisse über invariante Kurven und periodische Punkte nahe der Singularität (0,0) angegeben. Das Schlußkapitel 6 beschäftigt sich mit dem schon im Titel genannten Übergang von Ordnung zur Unordnung, d. h. mit dem Übergang zur chaotischen Dynamik. Hier werden — z. T. mit numerischen Beispielen — einige Fälle der neuerdings so viel diskutierten Erscheinung des chaotischen Verhaltens und seltsamer Attraktoren vorgestellt.

Bedenkt man, daß schon das in jedem einzelnen Kapitel behandelte Thema wohl kaum in einem eigenen Buche erschöpfend dargestellt werden könnte, so ist klar, daß der Stil dieses Buches nicht auf mathematische Präzision ausgerichtet sein kann. Es wird vielmehr vorgestellt und beschrieben, mit welchen Erscheinungen man in der Dynamik zu rechnen hat und welche Verfahren und Ergebnisse zu deren Behandlung vorliegen. Dabei werden verschiedene Anwendungen beschrieben. Die ausführliche mathematische, theoretische Begründung der Resultate ist dagegen vielfach nicht möglich. Hierfür wird auf die in einem umfangreichen Verzeichnis zusammengestellte Literatur verwiesen.

Hingewiesen sei auf reizvolle Abbildungen, die zur graphischen Ausgestaltung des Buches und zur Illustration mancher Teile des Textes zwischen die Kapitel eingefügt sind. Sie stellen Orbits von Punkten bei verschiedenen Abbildungen der Ebene dar, die von den Autoren mittels eines Rechenautomaten gezeichnet wurden. Die Bildunterschrift „Ästhetische Dynamik" trifft einen interessanten Aspekt der Dynamik.

Berlin H. G. BOTHE

Sigloch, H., Technische Fluidmechanik, Hannover, Hermann Schrödel Verlag KG 1980, 328 S., 67 ausführliche Übungsbeispiele, DM 43,80, ISBN 3-507-94104-x

Das aus der Vorlesung „Technische Strömungslehre für Maschinenbauingenieure" an der Fachschule Reutlingen hervorgegangene Buch enthält auf 230 Textseiten einen umfassenden Überblick über den gegenwärtigen Stand in den für die genannte Studienrichtung wichtigen Teilgebieten der Strömungsmechanik. Den Hauptteil bilden die Kapitel Fluidstatik, Fluiddynamik, Strömungen ohne Dichteänderung und Strömungen mit Dichteänderung (Gasdynamik). Alle Aussagen sind kurz und präzis formuliert und besitzen einen hohen Informationsgehalt. Der Erläuterung der allgemeinen Definitionen und Gesetzmäßigkeiten folgen in der Regel zahlreiche Anwendungsbeispiele mit Angaben für die Durchführung praktischer Berechnungen. Die normalerweise nicht zum Ausbildungsprofil des Maschinenbauingenieurs gehörenden, für die Verfahrenstechnik interessanten Teilgebiete wie z. B. Mehrphasenströmungen und Strömungen nichtnewtonscher Fluide wurden nicht aufgenommen. Das Buch vereinigt in sich die Wesenszüge eines Repetitoriums mit denen eines Taschenbuchs für den praktisch tätigen Ingenieur. Beiden Zwecken entspricht die Kürze und Prägnanz der Ausführungen. Der Taschenbuchcharakter wird durch den umfangreichen Tafelanhang, die Literaturhinweise und das Stichwortverzeichnis unterstrichen. Außerordendlich wertvoll für die Aneignung des Stoffes sind die Übungsbeispiele zu den einzelnen Abschnitten, deren Lösungen zum Schluß in einem besonderen Kapitel auf 55 Seiten ausführlich erläutert werden. Den unbesteitbaren Vorzügen der sehr konzentrierten Darbietung des Stoffes stehen jedoch auch Nachteile gegenüber. Wer mit der Strömungsmechanik hinreichend vertraut ist, wird zweifellos die Erklärungen und Begründungen trotz ihrer Kürze im richtigen Sinne auffassen und die richtigen Schlußfolgerungen für seine praktische Tätigkeit daraus ziehen. Für die erstmalige Erarbeitung des Stoffes in einem reinen Selbststudium dürfte es sich aber empfehlen, zusätzlich eines der im Literaturverzeichnis aufgeführten ausführlichen Lehrbücher zu Rate zu ziehen.

Dresden H.-J. MASCHECK

Eppler, R. / Fasel, H. (Eds.), Laminar-Turbulent Transition, IUTAM Symposium Stuttgart/Germany 1979, Berlin-Heidelberg-New York, Springer-Verlag 1980, XVIII, 432 S., 289 Abb., DM 74,–; US $ 43.60. ISBM 3-540-10142-X

Der vorliegende Band enthält 41 der insgesamt 42 Beiträge des IUTAM — Symposiums. Darunter befinden sich 7 Publikationen, die auf Einladung des wissenschaftlichen Komitees erfolgten. Nach den Vorstellungen der Veranstalter sollten fundamentale Mechanismen des Übergangs im Mittelpunkt stehen, wobei die Ergebnisse des Symposiums zeigen, daß etwa im gleichen Umfange experimentelle und theoretische Mittel zur weiteren Aufklärung dieser physikalischen Erscheinungen Anwendung fanden. Mit wenigen Ausnahmen gehen die Untersuchungen von einem inkompressiblen, isothermen Newtonschen Medium aus.

Die inhaltliche Gliederung des Buches folgt den Arbeitssitzungen des Symposiums. Dabei sind u. a. folgende Schwerpunkte erkennbar: Übergangserscheinungen in der Rohrströmung; Untersuchungen zur kritischen Reynoldszahl in der Poiseuille-Strömung; Experimente zu nichtlinearen Wechselwirkungen beim Übergang; zwei- und dreidimensionale numerische Integration der instationären Navier-Stokeschen Gleichungen; Stabilitätsuntersuchungen zu im Mittel dreidimensionalen Grenzschichten; Experimente zu Eigenschaften und Ausbreitung turbulenter „spots"; Wechselwirkungen zwischen akustischen Anregungen und Strömungsinstabilitäten; Bifurkation und experimentelle Befunde in der zylindrischen Couette-Strömung; Übergangsformen der sphärischen Couetteströmung.

Zweifellos vermittelt das vorliegende Material des IUTAM-Symposiums einen guten Einblick in den aktuellen Stand der Forschungen auf dem Gebiet des Übergangs laminarer in turbulente Strömungsformen. Kennzeichnend sind die stetige Anreicherung experimentell gewonnener Kenntnisse — wobei auch über Stand und Fortschritte der Methoden nützliche Informationen vermittelt werden — sowie der weitere Ausbau theoretischer Verfahren und insbesondere der numerischen Techniken. Bemerkenswert ist der geringe Anteil an Untersuchungen zur Wechselwirkung zwischen Oberflächenrauhigkeiten oder einer erhöhten Außenturbulenz und der Turbulenzentstehung.

Insgesamt bietet der vorliegende Band eine Fülle von Anregungen und Informationen für Experimentatoren und Theoretiker für die Lösung einschlägiger Aufgaben.

Berlin M. HOFFMEISTER

Aben, H., Integrated Photoelasticity. London, McGraw-Hill International Book Company 1979. XI, 203 S., DM 69,–. ISBN 0-07-000043-3

Die „integrale Spannungsoptik" ist eine neue Richtung, die sich mit der Untersuchung räumlicher Spannungszustände ohne Zerstörung des Modells beschäftigt. Ausgenutzt werden dabei die summarischen Interferenzerscheinungen, die man in einem gewöhnlichen Polariskop bei geradliniger Durchstrahlung des Modells beobachtet. Die Meßgrößen bilden wiederum der Gangunterschied (Isochromatenordnung) und gewisse ausgezeichnete Richtungen, in denen stets linear polarisiertes Licht auftritt.

Mit diesen „charakteristischen Parametern" lassen sich viele räumliche Spannungszustände, die sich durch eine gewisse Symmetrie oder a priori Informationen auszeichnen (Biegeplatten, Rotationskörper, Schalen u. a.), relativ einfach auswerten und die Versuche einfacher durchführen als bei den bislang gebräuchlichen und z. T. das Modell zerstörenden Verfahren (Erstarrungs-, Schichten-, Streulichtverfahren). Die Theorie der integralen Spannungsoptik ist jedoch aufwendiger und verlangt zum Verständnis tieferes Eindringen in die optischen Zusammenhänge.

Die vieljährigen Erfahrungen des Verfassers und seine Beiträge zur Entwicklung des Gebietes fanden im Buch ihren Niederschlag. Es ist in zwei Hauptteile gegliedert: im ersten Teil wird die Theorie umfassend dargelegt; der 2. Teil ist den Anwendungen gewidmet. Ausgangspunkt bilden im theoretischen Teil die Grundbeziehungen der Spannungsoptik für den inhomogenen Körper. Im 2. Kapitel wird die optische Theorie eines inhomogenen spannungsoptischen Mediums auf der Basis der Matrizendarstellung entwickelt. Im 3. Kapitel werden die Zusammenhänge zur sphärischen Kinematik hergestellt, insb. zur Darstellung mittels der Poincaré-Kugel und ihrer Projektionen (Wulffsches Netz, j-Kreis). Die charakteristischen Parameter ergeben sich dabei als die Eulerschen Winkel bei der Drehung der Poincaré-Kugel. Das Kapitel 4 behandelt die Anwendung zusätzlicher physikalischer Felder zwecks Gewinnung eines weiteren unabhängigen Meßeffekts (elektrische oder magnetische Felder, Überlagerung natürlicher oder künstlicher Doppelbrechung bzw. Drehung der Polarisationsebene); einen Schwerpunkt bildet die vom Verfasser entwickelte Magnetospannungsoptik. Im letzten Kapitel werden die Methoden zur Ermittlung der tatsächlichen Spannungen aus den Meßgrößen dargelegt.

Der 2. Teil des Buches befaßt sich mit der Anwendung der Methoden auf verschiedene Problemklassen, und zwar auf die Untersuchung biegebeanspruchter Platten, Rotationsschalen, allgemeiner Schalen, achsensymmetrischer Spannungszustände und einiger anderer räumlicher Spannungszustände.

Das Buch ist sehr flüssig und klar geschrieben und setzt die Grundkenntnisse der Spannungsoptik voraus. Es zielt jedoch nicht nur auf die Darstellung der Spezialrichtung, sondern beinhaltet wohl eingeordnet alle anderen wesentlichen Beziehungen und Verfahren der Spannungsoptik. Für jeden Freund des Fachgebietes dürfte sein Studium ein Genuß sein. Dazu tragen nicht minder die nahezu vollständige Literaturzusammenstellung mit über 300 Titeln, die übersichtliche Gliederung und vorzügliche Gestaltung bei.

Berlin J. Träger

In der DDR beziehbar im Rahmen des Kontinents.

EINGEGANGENE BÜCHER

Bei der Schriftleitung sind folgende Bücher eingegangen (ausführliche Besprechung bleibt vorbehalten).

Truckenbrodt, E., Fluidmechanik, Bd. 2: Elementare Strömungsvorgänge dichteveränderlicher Fluide sowie Potential- und Grenzschichtströmungen, 2., völlig neubearb. u. erw. Aufl., Berlin-Heidelberg-New York, Springer-Verlag 1980. XVI, 426 S., 177 Abb., DM 136,–. US $ 80.30. ISBN 3-540-10135-7

Cochard, G. / Kessler, P. (eds.), $\gamma\gamma$ Collisions, Proceedings, Amiens 1980. Lecture Notes in Physics 134. Berlin-Heidelberg-New York, Springer-Verlag 1980. XIII, 400 S., DM 47,–. US $ 27.80. ISBN 3-540-10262-0

Zawadzki, W. (ed.), Narrow Gap Semiconductors Physics and Applications. Proceedings, Nimes 1979. Lecture Notes in Physics 133. Berlin-Heidelberg-New York, Springer-Verlag 1980. X, 572 S., 304 Abb., DM 63,–. US $ 37.20. ISBN 3-540-10261-2

Garrido, L. (ed.), Systems Far from Equilibrium, Proceedings, Sitges 1980. Lecture Notes in Physics 132. Berlin-Heidelberg-New York, Springer-Verlag 1980. XV, 403 S., 105 Abb., DM 47,–. US $ 27.80. ISBN 3-540-10251-5

Müller-Pfeiffer, E., Spectral Theory of Ordinary Differential Operators. Ellis Horwood Series in Mathematics and Its Applications. Chichester, Ellis Horwood Limited 1981. 246 S., £ 16.50. ISBN 0-85312-189-3

Nayfeh, A. H., Introduction to Perturbation Techniques. New York, John Wiley & Sons 1981. XIV, 519 S., £ 16.00. ISBN 0-471-08033-0

Csörgö, M. / Révész, P., Strong Approximations in Probability and Statistics. Budapest, Akadémiai Kiadó 1981. 284 S., Ft 180.–. ISBN 963-05-2441-4

Nemat-Nasser, S. (ed.), Mechanics Today, Vol. 5. Oxford-New York-Paris-Frankfurt, Pergamon Press 1980. XIV, 569 S., $ 68.00. ISBN 0-08-024249-9

Giloi, W. / Liebig, H., Logischer Entwurf digitaler Systeme. 2., überarb. Aufl., Hochschultext, Berlin-Heidelberg-New York, Springer-Verlag 1980. XII, 328 S., DM 48,–. US $ 28.40. ISBN 3-540-10091-1

Klotter, K., Technische Schwingungslehre, Bd. 1, Einfache Schwinger. 3., völlig neubearb. u. erw. Aufl., Tei B: Nichtlineare Schwingungen. Berlin-Heidelberg-New York Springer-Verlag 1980. XVI, 576 S., 211 Abb., DM 98,–. US $ 57.90. ISBN 3-540-09327-3

Naudascher, E. / Rockwell, D. (eds.), Practical Experiences with Flow-Induced Vibrations. IUTAM/IAHR Symposium Karlsruhe 1979. Berlin-Heidelberg-New York, Springer-Verlag 1980. XXII, 849 S., 429 Abb., 217 Charts, DM 140,–. US $ 82.60. ISBN 3-540-10314-7

Lippmann, H., Mechanik des Plastischen Fließens, Grundlagen und technische Anwendungen. Berlin-Heidelberg-New York, Springer-Verlag 1980. X, 358 S., 129 Abb., DM 148,–. US $ 87.40. ISBN 3-540-09925-5

Lücker, R., Grundlagen digitaler Filter. Einführung in die Theorie linearer zeitdiskreter Systeme und Netzwerke. Nachrichtentechnik 7. Berlin-Heidelberg-New York, Springer-Verlag 1980. X, 255 S., 96 Abb., DM 58,–. US $ 34.30. ISBN 3-540-10198-5

Fogedby, H. C., Theoretical Aspects of Mainly Low Dimensional Magnetic Systems. Lecture Notes in Physics 131. Berlin-Heidelberg-New York, Springer-Verlag 1980. XI, 163 S., 70 Abb., DM 21,–. US $ 12.40. ISBN 3-540-10238-8

Duszek, M. K., Problems of Geometrically Non-linear Theory of Plasticity. Mitteilungen aus dem IfM 21. Bochum, Ruhr-Universität, Institut für Mechanik 1980. 107 S.,

Woźniak, C., Large Deformations of Elastic and Non-Elastic Plates, Shells and Rods. Mitteilungen aus dem IfM 20. Bochum, Ruhr-Universität, Institut für Mechanik 1980. 181 S.

DFVLR — Forschungsbereich Strömungsmechanik, Wissenschaftlicher Bericht — Stand 1980, Köln 1980, 105 S., zahlreiche Abb., DM 20,–.

Isay, W. H., Kavitation. Hamburg, Schiffahrts-Verlag „Hansa" C. Schroedter & Co. 1981. 322 S., 166 Abb., DM 40,–. ISBN 3-87700-035-5

NACHRICHTEN

Fachtagung Maschinendynamik 1982 in Karl-Marx-Stadt

Vom 8. bis 10. Juni 1982 veranstaltet die Technische Hochschule Karl-Marx-Stadt gemeinsam mit dem DDR-Komitee der IFToMM, Fachunterausschuß Maschinendynamik der KDT und dem KDT-Bezirksverband Karl-Marx-Stadt die Fachtagung „Maschinendynamik".
Ziel dieser Tagung mit internationaler Beteiligung ist die Vermittlung des Kenntnisstandes der Dynamik von Werkzeug- und Verarbeitungsmaschinen und die Anregung des Erfahrungsaustausches.
Folgende Problemkreise werden behandelt:

- Modellbildung und Kennwertermittlung
- Allgemeine Berechnungsverfahren
- Dynamik von Werkzeugmaschinen
- Dynamik von Verarbeitungsmaschinen.

Interessenten wenden sich an folgende Adresse:
Technische Hochschule Karl-Marx-Stadt
Sektion Maschinen-Bauelemente, LS Dynamik (11124)
DDR 9001 Karl-Marx-Stadt, PSF 964
Beauftragter für Organisation: Dr.-Ing. Waldeck, Tel. 668340

EUROPEAN MECHANICS COLLOQUIA 1982

Euromech Colloquia are informal conferences on specialized research topics, and participation is restricted to a small number of European research workers actively engaged in the field. Overall responsibility for Euromech Colloquia is in the hands of the European Mechanics Committee, and the organization of each Colloquium, including the selection of participants for invitation, is entrusted to a Chairman for that Colloquium. People who are interested in taking part in one of the Colloquia listed below should write to the appropriate Chairman. Further information about Euromech Colloquia generally may be obtained from either the Secretary of the European Mechanics Committee, Prof. H. H. Fernholz (Hermann-Föttinger-Institut für Thermo- u. Fluiddynamik, Technische Universität Berlin, Straße des 17. Juni 135, D 1000 Berlin 12, (West) or the Chairman of the Committee, Prof. G. K. Batchelor (Department of Applied Mathematics and Theoretical Physics, University of Cambridge, Silver Street, Cambridge CB3 9EW, England).

	Title, date and location	Chairmen
Euromech 151	The creation and behaviour of short fatigue cracks 12—14 January 1982 Sheffield S1, 3JD, U.K.	Professor K. J. Miller Faculty of Engineering University of Sheffield Mappin Street Sheffield S1 3JD, U.K.
Euromech 152	Experimental analysis of nonlinear problems in solid mechanics 21—24 September 1982 Wuppertal, B.R.D.	Professor Dr.-Ing. K.-H. Laermann Universität-GH-Wuppertal Fachbereich 11 — Bautechnik Pauluskirchstraße 7 5600 Wuppertal 2, B.R.D
Euromech 153	The extraction of energy from the wind 14—16 April 1982 Poitiers, France	Professor R. Goethals Ecole Nationale Supérieure de Mécanique and d'Aérotechnique Rue Guillaume VII 86034 Poitiers Cedex France
Euromech 154	Ultrasonic investigation of structural and mechanical properties of solids 27—29 April 1982 Bordeaux, France	Professor J. Roux Laboratoire de Mécanique Physique Université de Bordeaux 1 33405 Talence Cedex, France
Euromech 155	Reliability theory of structural engineering systems 15—17 June 1982 Lyngby, Denmark	Professor Dr. O. Ditlevsen Danmarks Ingeniørakademi Civil Engineering Department Building 373 2800 Lyngby, Denmark and Dr.-Ing. R. Rackwitz, Munich
Euromech 156	The mechanics of sediment transport 12—14 July 1982 Istanbul, Turkey	Professor Dr. B. M. Sumer Istanbul Technical University Faculty of Civil Engineering Istanbul, Turkey and Dr. A. Müller, Zurich
Euromech 157	Quality of mechanical observations on particulate media 18—20 August 1982 Lyngby, Denmark	Professor V. Askegaard Structural Research Laboratory Technical University of Denmark Building 118 2800 Lyngby, Denmark and Professor B. Hansen, Lyngby
Euromech 158	Flow and mass transfer in plasma filtration and artificial kidney 6—8 September 1982 Darmstadt, B.R.D.	Professor Dr.-Ing. J. H. Spurk Fachgebiet Techn. Strömungslehre-FB 16 Technische Hochschule Darmstadt Petersenstraße 30 6100 Darmstadt,B.R.D. and Dr. J. E. Sigdell, Basel
Euromech 159	Spectral methods in computational fluid mechanics 14—16 September 1982 Nice, France	Dr. R. Peyret Département de Mathématiques Université de Nice Parc Valrose 06034 Nice Cedex, France
Euromech 160	Periodic flow and wake phenomena 6—9 September 1982 Berlin (West)	Professor Dr.-Ing. E. Berger Hermann-Föttinger-Institut für Thermo- und Fluiddynamik Technische Universität Berlin Straße des 17. Juni 135 1000 Berlin 12 (West)
Euromech 161	Coalescence and deposition of aerosol particles 15—17 September 1982 London, U.K.	Professor L. M. Hocking Department of Mathematics University College London Gower Street London WCIE 6BT, U.K.
Euromech 162	Stability and evaporation of thin liquid films in two-phase flow 20—23 September 1982 Jablonna, Poland	Professor dr. hab. inz. J. Krzyzanowski Institute of Fluid Flow Machinery Polish Academy of Sciences ul. Gen. J. Fiszera 14 80-952 Gdańsk, Poland and Dr.-Ing. D. Wurz, Karlsruhe

Euromech 163	Surface mounted bluff bodies in a turbulent boundary layer 11—13 October 1982 Lisbon, Portugal	Professor A.R. Janeiro Borges Universidade Nova de Lisboa 1899 Lisboa Codex, Portugal and Dr. L. J. S. Bradbury, Guildford	Euromech 164	Optimization methods in structural design 12—14 October 1982 Siegen, B.R.D.	Professor Dr. H. Eschenauer Institut für Mechanik und Regelungstechnik Universität-GH Siegen 5900 Siegen 21, B.R.D. and Dr. N. Olhoff, Lyngby

Wissenschaftliche Tage 1982 der Technischen Hochschule Otto von Guericke Magdeburg

Im Rahmen der Wissenschaftlichen Tage der TH von Otto von Guericke 1982 sind folgende Veranstaltungen vorgesehen:

a) VII. Kolloquium „Ausrüstungen für die Metallurgie" vom 31. 8. bis 2. 9. 1982

Themenkomplexe:

— Bedeutung und Perspektiven der Walzwerkstechnik für den Schwermaschinen- und Anlagenbau und die Metallurgie der DDR,
— Automatisierung der Walzwerksprozesse unter Berücksichtigung des Einsatzes der Mikroelektronik,
— Ermittlung der Beanspruchung und der Beanspruchbarkeit von Walzwerksmaschinen und ihrer Bauteile,
— Zuverlässigkeit und Instandhaltung von Walzwerksanlagen.

b) 4. Fachtagung Elektrotechnologie „Fortschritte und Erfahrungen im Einsatz von Wirkeffekten der Elektroenergie für die Rationalisierung der Fertigung in der metallverarbeitenden und mikroelektronischen Industrie" am 2. und 3. 9. 1982

Themenkomplexe:

— Minimierung des Aufwandes an Energie und Arbeitsvermögen durch den Einsatz elektrotechnologischer Produktionsverfahren in den Fertigungsbereichen der metallverarbeitenden Industrie und der Mikroelektronik
— Organisatorisch-technische Verfahrensvorbereitung und Aufgaben des Rationalisierungsmittelbaus für die Verfahrenseinführung in der Fertigung

c) VI. Symposium „Verformung und Bruch" vom 7. 9. bis 9. 9. 1982

Themenkomplexe:

— Physikalische Grundlagen der Verformung und des Bruches
— Weiterentwicklung und Anwendung der experimentellen Bruchmechanik
— Beiträge der Festkörpermechanik zur Analyse von Verformungs- und Bruchvorgängen

Auskünfte erteilt: Technische Hochschule „Otto von Guericke" Magdeburg, Tagungsbüro
3010 Magdeburg, Postschließfach 124, Tel.: 59 22 09

Bei Fragen zur Produktsicherheit wenden Sie sich bitte an:
If you have any questions regarding product safety,
please contact:

Walter de Gruyter GmbH
Genthiner Straße 13
10785 Berlin
productsafety@degruyterbrill.com